安利创富法则

成功企业家的15个信条

People Helping People Help Themselves

[最新版]

[美] 理查·狄维士 著
帏珺 孟永彪 译

中国社会科学出版社

图字：01-2006-1065

图书在版编目（CIP）数据

安利创富法则：成功企业家的15个信条 ／ [美]狄维士著；孟永彪，帏珺译. —北京：中国社会科学出版社，2015.1

书名原文：People helping people help themselves

ISBN 978-7-5161-5341-3

Ⅰ.①安… Ⅱ.①狄… ②孟… ③帏… Ⅲ.①成功心理－通俗读物 Ⅳ.①B848.4-49

中国版本图书馆CIP数据核字（2014）第304704号

出 版 人	赵剑英
责任编辑	王 斌
责任校对	姚 颖
责任印制	李寡寡

出　　版	中国社会科学出版社
社　　址	北京鼓楼西大街甲158号（邮编100720）
网　　址	http://www.csspw.cn
	中文域名：中国社科网　010-64070619
发 行 部	010-84083685
门 市 部	010-84029450
经　　销	新华书店及其他书店
印刷装订	三河市君旺印务有限公司
版　　次	2015年1月第1版
印　　次	2015年1月第1次印刷
开　　本	650×960　1/16
印　　张	15
字　　数	268千字
定　　价	29.00元

凡购买中国社会科学出版社图书，如有质量问题请与本社联系调换
电话：010-84083683
版权所有　侵权必究

序 言

"仁爱致富？"一位大学生不无嘲讽地笑着，"这在概念上就自相矛盾，它和'冷血的仁慈'或者'活着的死人'有什么区别？这样的两个词语原本就是水火不容的嘛！"

过去的四、五年间，人们对我所崇尚的"仁爱致富"理念颇多冷嘲热讽。但这一理念只要有适当的机会，就能够实实在在地发生作用。因为人们都希望生活在充满自由的国度，在那里可以无拘无束地尝试创新，不受限制地开展贸易，在市场经济的条件下进行竞争，自主选择职业和发展自己的事业。

请别误会，崇尚自由企业，绝不仅仅意味着赚钱。人们当然希望自己和家人拥有财务保障，但他们的要求不仅限于物质的自由，同时也包括精神的自由：成为一个独立、健全的人，具有自己的思维和梦想，发现真正令人满意而非流于表面的舒适生活方式。

1969年7月18日，杰·温安洛——我一生的挚友和事业上的合作伙伴，以其自身的事例生动地展示了什么是具有仁爱情怀的企业家。

当时我们密执安州亚达城的工厂发生了爆炸和火灾，几乎将我们的梦想毁于一旦。事情发生在午夜前，当杰到达现场时，办公室和生产厂房已笼罩在滚滚浓烟之中。一些员工冒着生命危险爬上牵引车，从燃烧着的库房中将挂车和油罐拖曳出来。其他人则奋不顾身地要闯进这14000平方英尺的火海，去抢救各种重要的文件。杰阻止了他们，并说出了一句至今都令人难忘的话："别管文件！大家马上出去！"

如何对待他人，将在很大程度上决定着我们的行为。如果我们认为他们都是上天的子民，迸射着智慧的火花，有着与生俱来的价值，我们就会敬重所有的人，保护他们的尊严不受侵犯。反之，如果我们仅从物质意义层面认识人类，忽视个体的灵性和价值，那又将如何？

如何认识地球的自然生态，对于我们制定什么样的资源利用政策，同样有着举足轻重的影响。如果将这神奇的地球看作上天赐予的礼物，而我们只是这个无价之宝的看护者，那我们就会倍加热爱和珍惜这个星球。

1986年5月，美国针对42个州的8000多名中学生进行了一次测试，以考察他们对于商业经济的了解程度。结果公布后，人们发现66%的参试者——5415名美国的年轻人——甚至不能运用经济学的常识定义何为"利润"。

让我们共同追寻学生们的失败所在。什么是利润？正确的答案是"收入减去成本"。利润即是收入高于支出的部分。**有了利润，你的商业活动才会继续下去，你才有能力积累资本。这些资本能够进一步拓展你的事业，创造新的商业机会，改善自己和他人的生活。没有利润，你的商业活动将陷于瘫痪，积累资本的梦想也会化为泡影。**

我在下面列出的简单公式，有助于你理解利润的产生以及资本的运作方式。该公式即为：

$$MW = NR + HE \times T$$

意思是说：我们的物质财富（MW），来自于人力（HE）利用工具（T）对自然资源（NR）进行的加工。

自然资源和工具为人们所占有，这通常会产生两项收益：更长的使用寿命以及更高的效率。所以，拥有土地和拖拉机的农民，使土地保持肥力，同时使机器得到妥善保养。到了收获季节，他们就能够挑灯夜战，从而以高效的工作换来日益丰厚的回报。

多年以来，我都利用这一公式解释经济运转和致富的方式。我坚信它的正确性，然而公式中仍然缺少一种因素，**那就是能够持续获得成功的秘诀——悲悯和仁爱**。现在我每次提到这个公式时，都会将仁爱因素考虑进去。仁爱致富的公式就可以表述为：

$$MW = (NR + HE \times T) \times C$$

当把公式中的每一项与仁爱（C）相乘，令人惊异的情况就会发生。在寻求和享用物质财富的过程中，在开发自然资源、人力以及运用工具的过程中，我们必须以"仁爱"作为指导。

当我提到致富的终极目标在于"仁爱"而非"利润"时，也许仍有人会进行嘲笑。无论你的观点如何，必须清楚这样一点：当"仁爱"激励了自由企业的发展，利润伴随而生时，人们的生活质量得以改善，地球也得以休养生息；如果"仁爱"没有成为该过程的积极成分，我们虽然可能会有暂时的赢利，但付出的长期代价和地球资源的枯竭将难以承受。

很遗憾，过去出现过（将来也会出现）贪婪、冷酷和无情的企业家，他们甚至不顾可能给人们带来的伤害，无视对于我们这个星球的践踏，而将对利润的追逐视为天经地义。仁爱的企业家同样期望赢利，然而他们的出发点是自己的行为有益于人类、有益于这个星球。

以伤害他人、毁坏这个星球为代价的"利润"根本不是利润，因为它没有将真正的成本计入其中。通过奴役我们的同胞和滥耗地球资源而获得的"利润"，终将导致全人类的毁灭。

仁爱的企业家能辨别什么是真正的利润，什么是愚者心中的黄金。他们关心人们如何自由地为自己和地球构筑梦想，以及如何让梦想成真。

我将引述一系列发生在安利内外的故事，以阐释"仁爱致富"的理念。讲述这些故事对我来说存在一定的风险。因为，第一，如果你是故事中的人物，由你现身说法，比我所讲述的效果要更好；第二，你们的很多故事都一样感人，不过由于篇幅所限，我不能将其全部包罗在内。请记住，即使你的故事没有出现在后面的文字里，你同样是我众多朋友中的一个！

目录 Contents

序　言 / 1

第一篇　积蓄力量

第 1 章　我们是谁 / 3

第 2 章　我们在哪里 / 11

第 3 章　我们要去哪里 / 25

第 4 章　我们需要做什么样的改变 / 35

第二篇　准备出发

第 5 章　为什么要工作 / 51

第 6 章　为什么要仁爱 / 64

第 7 章　为什么要建立自己的事业 / 73

第三篇　开始行动

第 8 章　我们需要什么样的态度 / 99

第 9 章　我们需要什么样的老师 / 113

第10章　我们需要什么样的目标 / 127

第11章　我们需要什么样的成功法则 / 143

第四篇　达致目标

第12章　为什么要帮助他人自助 / 171

第13章　为什么要帮助无助者 / 187

第14章　为什么要保护我们的地球 / 207

第15章　我们将得到什么 / 222

第一篇
积蓄力量

**PEOPLE HELPING PEOPLE
HELP THEMSELVES**

第1章
我们是谁

> **信条1**
>
> 每一个男人、女人和孩子天生都是平等的,他们都有自己的价值、尊严和独特潜力。
>
> 所以,我们能为自己和他人构筑梦想。

纳斯·爱姆兰躺在华盛顿州监狱狭小的牢房里,辗转反侧,难以成眠。只要他一闭上眼睛,脑海中就充满了黑暗、恐怖、愤怒和混杂的声音。

他回忆道:"1969年,我刚刚19岁,作为黑人,为了摆脱城市的种种暴力和恐怖活动,我报名参加了华盛顿州立大学橄榄球队。在那样的日子,我全部梦想就是获得海斯曼奖,赢得一个季冠军,然后挤进玫瑰碗大赛,最终赢得职业球队的一纸合约。然而命运多舛,我误入了歧途,犯了法,被判处两年监禁。"纳斯突然激动起来,"在监狱里还能坚守梦想是件多么不容易的事情。"沉默片刻,他恢复了平静说道:"在我这样的家庭环境中坚持梦想本来就不容易。"

纳斯的曾祖父出身黑奴,外祖父母在他5岁时相继离世。即使林肯总统早已签署了《解放黑人奴隶宣言》,过去非洲裔美国人的基本人权仍然很难获得保障。他们不但没有选举和言论自由，而且也没有著作和集会结社的权利，法律还禁止他们经营企业，他们也没有财产权，甚至连写字、读书都是违法的，更不要说拥有房屋和企业。

非洲裔美国人的祖先很难有自信和独立的奢望，更不要说奢求成为企业主了。奴隶主和地主牢牢控制着这些黑人奴隶们，使他们负债累累。在这种状况下，绝大多数黑人生活在奴役、私刑和3K党恐怖活动的威胁之中。

正是这些盘根错节的桎梏，使黑人同胞世世代代都过着无望无助的生活，即使他们有梦想，也没有办法实现。

在监狱里，纳斯身边尽是遭遇同样悲惨命运的人——有的囚犯已经弓腰驼背、头发花白，他们被判无期，只能在这里苦度余生，而那些年轻的囚犯往往垂头丧气，只能恭顺谦卑地打磨钢板或缝制钱包。大多数囚犯只是不断地抱怨环境太差，在无声的愤恨、吃饭、睡觉中，蠢蠢欲动地想实施报复计划。

铁栅外面，有一个大腹便便的白人守卫，腿翘在桌子上，喝着咖啡，看着电视，而他看管下的黑人囚犯大都在惶惶不安中睡去，或是在囚室里漫无目的地晃荡。

看着纳斯躁动不安地走来走去，守卫嚷道："喂！纳斯，别总是走来走去的，让我神经紧张。"

纳斯只好停了下来，慢慢地躺在又脏又硬的床上，无神地盯着天花板。

此时，我们可以设想一下，如果守卫突然离开守卫室，穿过长廊，来到纳斯的牢房，很郑重地把本章开头的"信条1"念给他听："嗨！纳斯，听着！理查·狄维士认为'每一个男人、女人和孩子天生都是平等的，他们都有自己的价值、尊严和独特潜力'，你明白么？"纳斯会有怎么样的反应？

几乎可以肯定的是，纳斯或许会嗤之以鼻，或许会愤怒地回应，这必然让守卫尴尬不已。于是，守卫肯定不敢再说出下面的话："所以，我们能为我们自己和他人构筑梦想。"

本书开头的那些话，供你思考，也许会被你当做笑料或者耳旁风。

我在此提及它，因为我深信如果你相信并努力实践"信条1"，那么就会如同我和我的很多朋友一样，生活状况将会发生意想不到的改善。

如何看待自己

真正的问题在于：你认为你是谁，来自何处？你的梦想源于哪里，如何实现？这一切只不过是个大巧合，还是一个遗传学上的玩笑？是一个不为人知的奥秘，还是上天创造你的一个目的？

对这样的问题，不同的人有不同的答案。

我的一位生化学家朋友回答得颇为幽默："我60%是水，足够盛满一个小浴缸；剩余的是脂肪，足以制成四五块肥皂；还有一些普通的化学物质——钙可以做成一大支粉笔，磷够点一小盒火柴，钠可以调一大包微波爆米花，镁够使一次闪光灯，铜足以铸成一枚硬币，碘多得足够刺痛一个小孩上窜下跳，铁够做一根十便士的小铁钉，硫足够驱除一只狗满身的跳蚤。总而言之，考虑到当前经济衰退因素，我身上的水、脂肪和化学物质加起来大约值1.78美元。"

哲学家、建筑师兼城市规划师巴克敏斯特·富勒对此也有很长的论述，其中有这么一小段可供我们参考："我是一个自我平衡，由28块关节组成的两足动物。这个两足动物有整体和独立的设备，用于维持和储存蓄电池中的能量，以启动上千个配备马达的水压泵和气压泵的电子化学处理器；有铺设的62000英里微细血管，分布着上百万个警报装置和传送装置；有压碎机和起重机，还有一个可以运行70年而无需修缮的四通八达的通讯系统；所有指令的发出皆源于一个塔台，里面安装了定位望远镜、显微镜、可以自动记录的扫描仪、分光镜等。"

心理学家、行为主义之父B.F.斯金纳则是这样回答的："我是能够对外部环境进行一系列反馈的学习系统。就像巴甫洛夫试验中的狗，已被训练为对外部刺激不由自主地分泌唾液。我既不能'自主行动，也不能自然或反复无常地改变'。任何事情都由外部条件控制，选择是一种幻觉，梦想也不过是自欺欺人而已。"

不知道你对上述的回答有什么感想？站在镜子前，我们看着自己，问问自己："我到底是什么？"

是化学元素的堆砌，还是自动运转的精密仪器，抑或是被训练成对外部刺激分泌唾液的有机体？

如果你这么认为，那么你就只不过是价值1.78美元的水、脂肪和矿物质的混合体。

然而我却并不认同这种观点，因为机器根本就无法有心智、思维和道德良心。巴甫洛夫的狗或许可以有梦想，但是它们绝对不可能让自己美梦成真。

难道你不认为自己远非如此简单吗？

你是谁？我是谁？虽然回答往往因人而异，但可以肯定的是，我们绝非一堆化学元素的堆砌，亦非没有思维的机器。诚然，生活会给你带来诸多磨难，你会因此感到愤怒，感到命运不济。也许你会认为自己毫无追求，完全是个失败者；或者认为自己已经错失良机，没有办法重新来过。其实换个角度，我们尝试着以造物主的眼光来看待自己。无论你现在怎么样，上天都会把你当做自己的子民来看待。

亨利·大卫·梭罗曾说："梦想是我们品质的试金石。"**你的梦想决定了你是谁以及你关注什么，而梦想的大小决定了你是否有宽广的胸襟。**

对你来说，敢于梦想也许非常困难，就像纳斯一样。或许你家世不幸；或许你孩提时代曾受虐待和欺侮；或许你目前身陷贫困或恐惧之中而被人忽视；或许你被罪恶感、债务、痛苦和残疾压得喘不过气；或许你正因为人生失意和梦想破灭而无法抚平内心的伤痛。

尽管现在的一切都不如意，但俗话说得好：梦想永不为晚。如果你因为过于恐惧或深陷痛苦而不敢有大的梦想，那么你完全可以从小的梦想开始。梭罗曾经说过："如果你信心十足地追逐梦想，并努力实现你想要的生活，就会得到意想不到的成功。"

很多人在创业的时候每月只能赚几块钱，只有少数幸运儿能够迅速发家致富。然而，**一点一滴的积累会让他们的梦想随着企业的发展而逐**

步放大。其实，小的梦想正是起步的基石。今天你有什么小的梦想吗？

当然，需要提醒的是：有些时候，我们会空想过多而变得不切实际。我想像帕瓦罗蒂那样引吭高歌，像乔·马拉多纳那样精准传球，像沙奎尔·奥尼尔那样漂亮投篮，或者成为托妮·莫里森那样的写作天才。让我们所喜爱和向往的事能变为现实是梦想的关键所在。当我们发现自己的梦想过于空幻时，就要学会求助于我们的人生老师。不过话说回来，**大多数"不切实际"的空想，对我们构筑梦想也是至关重要的。因为有些时候，正是那些不理智的梦想引领你找回灵魂深处的激情和冲动。**

前面的故事中，苦工出身的纳斯与玫瑰碗杯失之交臂，又深陷牢狱，虽然屡遭挫折，但始终没有放弃自己的梦想。到今天，他和妻子薇姬已经拥有了非常成功的安利事业。不但如此，他还把自己事业的梦想，传递给了妻子和自己的八个孩子，以及帮助上百人建立自己的事业。有了经济上的保证，纳斯于是有了更多的时间、足够的金钱和创造力来为更多的社区和人们服务。

事实上，正是因为有纳斯和像纳斯这样来自于亚、非、拉的千百位营销伙伴，安利事业才得以日益壮大。我们拥抱那些被遗弃的同胞，为那些曾经被轻视和忽视的人研发、推广产品，并向"联合黑人学院基金会"这样久负盛名的组织捐赠奖学金，以资助像纳斯这样敢于为自己和他人构筑梦想的人。

如何看待他人

"信条1"能够激发我们每个人的激情。一旦真正把握了其中的精髓，我们就可以开始新的旅途。

"信条1"还有重要的伦理道德要求。如何看待自己仅仅是个开始，如何看待别人才是获得成功的关键所在。如果我们天生平等并且可以构筑伟大的梦想，那么其他人也是如此。不但我们自己要实现梦想，还要努力去帮助他人美梦成真。

纵观历史，当一个人或群体认为自己优于其他人或群体，认为自己无所不能而其他人不过是价值1.78美元的化学组合时，悲剧往往就会发生。因为我们并没有从内心深处相信："人人（包括男人、女人和孩子）生而平等。"

像看待自己那样去看待别人，不仅是你开创成功事业的第一步，而且也是解决那些困扰我们国家和世界的问题的开始。你如何看待你的邻居、你的顾客、你的老板、那些徘徊无助者、令你为之发狂的人？**如果你想获得真正的成功，就必须像对待自己一样对待别人，因为他们也和你一样拥有梦想。**

虽然陈腐的偏见一时很难根除，而仇恨也似乎比仁爱更加根深蒂固，但是，以造物主的眼光去看待别人并不难做到。很多时候，我们需要尝试，即使是微不足道的尝试，也能带来些许改观。

托马斯·杰斐逊[①]曾说："一个有勇气的人就代表着大多数。"我不知道林肯总统在与内阁讨论《解放黑人奴隶宣言》时是否看到过这句话，当大多数内阁成员对此计划投反对票时，总统仍然坚定地举起了手，说："此案通过！"

一些安利伙伴让我受益匪浅。大卫和简·塞弗恩夫妇同我分享了他们的心得："如果你帮助别人得到他们想要的，你也必将得到你想要的。"还有什么比这句话更能诠释"信条1"呢？

正是因为我们都天生平等，所以我们能够为自己和他人构筑梦想。这一信念成为塞弗恩夫妇拥有独立生意、迈向事业成功的指南。

大卫·塞弗恩在爱达荷州博伊西市长大，在爱达荷州立大学上学时，成为后备军官训练营的队员。毕业以后，大卫就职于国际知名的恩斯特会计师事务所（即现在的"安永会计师事务所"）。简·塞弗恩在爱达荷州双瀑市长大，那是一个有着2万人口的城市。1969年两人结婚后，大卫应征入伍，他们为国效力，在欧洲度过了婚后的头3年。在德国，他们有了第一个孩子，随后大卫退役回国。

[①] 托马斯·杰弗逊（Thomas Jefferson，1743—1826），美国第三任总统、《独立宣言》的主要起草人。——译者注

大卫告诉我："那时候经济上很艰难，虽然简特别想在家里带小孩，但也不得不找份类似于保险公司接待员的工作贴补家用。然而现实很快就使我们的梦想破灭了。"

简接过话头："我们需要更多的钱，为了多挣点儿，我们绞尽脑汁儿试过很多办法。"她一边回忆一边苦笑，"可那些办法都一样，只是一次次使我们陷入了更深的财务危机。"

大卫进一步解释说："我为那些拥有自己企业的人代理税务，他们挣的钱比我们大多数人多得多。于是我梦想着开办一家个人的会计师事务所，然而开办成本过高，这个想法到最后只能是昙花一现。"

"后来我们发现了安利这个事业机会，以后的事情大家就自然料到了。"简欣喜地说。

在和大家分享成功经验时，大卫毫不犹豫地说："我们先从一个目标起步，鼓励自己'加油——加油——加油'，告诉每一个人'你会实现自己的梦想'。"

简继续说，"然后我们开始观察那些在这项事业中真正获得成功的人，他们告诉我们，真正的大事业和仅仅拥有小生意的不同之处，在于你愿意服务多少顾客。"

"我永远记得罗恩·普里尔告诉过我的——'当你介绍安利事业的时候，不要把对方看成带着脑袋的躯体，而要把他们看作拥有梦想的人。'"大卫解释说。

简接着补充："我认为就是那次聚会，我们第一次被点醒了：人欲取之，必先予之。我们把这种理念付诸实践，把别人看作是天生平等并有自己梦想的人，这些梦想在我们的帮助下可以实现。正是因为这样做，我们的事业才蒸蒸日上。"

而肯·斯图尔特第一次听说安利时刚刚27岁，是密苏里州春田市一位成功的建筑业承包商。在繁荣的中西部地区，他每年可以建造并销售50套以上的房产。那时，肯和他的妻子唐纳正跨步行走在成功的道路上。

"我们还年轻，我们野心勃勃，可我们也有30万元的债务，时常因为不断透支而担惊受怕。"肯回忆道。

唐纳说："建立起自己的销售企业是个办法，我们一起进入这个行业，试图找到并建立起一个与我们情况相似的由夫妻组成的群体。随后我们开始向本行业中倍受尊敬的前辈请教，不久，我们就发现了他们独特而绝妙的识人方法。"

肯侃侃而谈："德士特·耶格先生在和我们第一次谈话后，给我起了个'小山羊'的外号。那时我正年轻，雄心勃勃，精力充沛，甚至把自己看作一个胜利者，也希望我的伙伴都是胜利者。我并没有平等地对待我的伙伴，也没有认识到把人贴上成功者或失败者的标签不但是危险的，而且也会误导自己。因为经过长时间的考验，你将会对谁是真正的赢家感到惊讶。"

"过了一段时间，也就是一年多，我们才真正学会尽量少做判断。不能因为一对夫妻身强体壮、性格开朗活泼就判断他们精明，另一对夫妻看起来身体柔弱、性格内向害羞就认定他们反应迟钝。"唐纳解释道。

"像很多人一样，我们因为太固执、太武断下结论，而注意不到人们未发挥的和潜在的天赋与才能。我们常常忽视人们的潜能。"肯继续说。

"当不再凭第一印象评价人，而是开始真正相信每个人都有潜能后，我们的事业开始获得成功。"唐纳确定地说。

肯总结道："我们必须学会接受人们真实的一面，找出他们的目标所在，然后尽己所能帮助他们实现目标。了解了这一过程并投身其中用心去做，我们的生活就会变得快乐，生意也会逐渐获得真正的成功。"

古谚说得好："要想美梦成真，必须头脑清醒。"

我不敢肯定我所说的足够清晰、明了，但是"信条1"的精髓在于试图唤醒我们每一个梦想成功的人：如果你想成为一位仁爱的企业家，那么正确地看待自己和他人是至关重要的。

你能把所有的同胞——白种人、黑种人、棕种人、黄种人——都视若上天的子民，相信他们像你一样，都有自己的价值、尊严和潜力吗？

如果能，那么你已经行进在追逐自己梦想的旅途中了。我们有理由相信，世界将会变得更加美好！

第2章

我们在哪里

信条2

大多数人没有充分发挥自己的潜力，任何使其境况获得改善的切实帮助，都会令他们感激不已。

因此，每个人需要对自己身在何地、将赴何方以及需要做出什么改变才能达到目标，有一个清醒的认识。

在加利福尼亚科罗纳多码头，乔·佛格利奥愤怒地穿过他海景住宅的厨房，踢开后门，咆哮着向热浪滚滚的柏油马路走去。

"乔，别走，请别走。"妻子诺玛站在门口，手不停地颤抖着，眼里闪着泪花。

他停了下来，回头看了看诺玛。"我要离开这个鬼地方！"他一边叫嚷，一边打开车门，生怕看到妻子的眼睛。此时他多么希望妻子能够拦住他，但又怕她这样做。

"你什么时候回来？"妻子跨过车道赶了上来，希望能把他留下，一切和好如初。

"一边去，"他怒吼着，很是生气地拉开车门，然后发动引擎，掉转车头，绝尘而去。

诺玛就像块石头一样呆呆地愣在那儿，强忍住泪水。过了很久，她极力平缓情绪，回到了房间。她知道两个儿子——19岁的尼基和16岁的乔伊，还有17岁的女儿查瑞，此时正从窗户里注视着父母的又一次争吵，他们对此已经深感恐惧和厌倦。诺玛深吸了一口气，转身面对着孩子们。

"我知道乔为什么会愤怒地摔门而去，因为他太痛苦了，我们都太痛苦了。无论怎么努力，工作上却始终没有进展，几乎每天都会有烦心事，而且更加糟糕的是，我们很无助。看着喜爱的一切化为乌有，我们却始终不知道该如何摆脱这种状况。"诺玛回忆道。

乔穿过科罗纳多湾大桥，沿着5号高速公路驶向墨西哥边界。他的公司在墨西哥罗萨里托海岸建房子，工人们正在等他。此时，他为刚才的情绪失控而懊恼，感觉生活正在滑向黑洞，而自己也好像老了，恐惧开始压上心头。

乔回忆说："因为身患各种硬化症，我已经使用了10年可的松（一种激素药），体重严重超标。经过两次破产，我那曾经增长迅猛的跨国公司也断了资金链。前几天，墨西哥币贬值，紧接着就出现了经济混乱。我的净资产一夜之间变成了零，再一次濒于破产的边缘。"

乔驾着他银色的捷豹跑车，沿着狭窄、肮脏的公路驶向墨西哥海滩。阳光从太平洋上空的云雾中透射下来，让他想起自己曾迷惑于这强光通往何处。于是他猛然刹车，在方向盘上抱头痛哭起来。

"我要崩溃了，无论从身体上、情绪上、精神上，还是财务上。我怕失去妻子，怕失去这个家，沮丧和消沉像漫天的乌云充斥在我的脑海里。"乔哽咽着。

而此时，诺玛一个人静静地坐在厨房里，冲了一杯咖啡，努力想让自己的情绪平缓下来。查瑞坐在旁边，不知如何劝慰妈妈。乔伊则回到自己的房间，戴上耳机，故意将声音调得震耳欲聋。而大儿子尼基则骑上摩托，同样愤怒地扬长而去。这样的经历听起来是否很熟悉？我希望你的梦想不会像乔和诺玛那天一样充满了挫败感，希望沮丧消沉不会像侵蚀他们一样侵蚀你的生活。然而，我们每一个人都会经历梦想破灭和走投无路的时刻。正如美国剧作家马克斯韦尔·安德森所说:"如果你一开始没有成功,那么将来也是胜负参半。"每一次失败过后,沮丧就会趁机而入。毕竟很多事情是随着开始的境况发展的。

1854年,梭罗说得更为直截了当:"我们中的多数人都会在静默的绝望中了度一生。"

从古到今,人们都将愤怒与沮丧深藏在心中。在我们生活的时代,沮丧就跟瘟疫一样在蔓延。美国精神健康研究院的资料显示,越来越多的人挣扎于连续不断的抑郁和空虚之中,他们开始对性爱和其他爱好失去了兴趣,他们经常会感到疲乏、失眠、易怒、脆弱,甚至不时会产生死亡或自杀的念头。抑郁和类抑郁疾病每年都会消耗掉美国雇主170亿美元,而且抑郁趋势越来越向年轻一代蔓延,其浪费的时间、金钱以及造成的慢性疾病与心智消耗,更是无法估算。

西屋电器的研究表明:美国企业用于健康的支出居然有20%是花在精神健康和化学治疗上。他们提出了令人吃惊的结论:降低医疗支出最有效的成本控制方法就是精神保健。

美国《时代》杂志有一期"封面故事"专门报道了"全国性的不安全感和抑郁"。1991年10月,《金钱》杂志所做的"顾客满意度调查"表明:抑郁控制着一切。该杂志编辑指出:当时的抑郁指数为-24,低于当年度4月份的-19,而那期杂志的主题文章就是"美国人正跌入恐惧的深渊"。

19世纪30年代,伟大的法国籍观察家亚历克西斯·德·托克维尔客居美国时,对160年前我们祖先的描述,就像写我们20世纪90年代的社会一样:"人们总是眉头紧锁,神情严肃,即使高兴的时候也颇为忧郁,他们总是对自己得不到的东西耿耿于怀。"

康奈尔大学医学院附属纽约医院的杰拉尔德·科勒曼也认为:"现代人已经普遍倾向悲观。一旦期望值和现实之间产生差距,人们常常会感到沮丧。"为了应付沮丧,我们开始消极地思考和行动。结果是不言自明的,我们的生活陷入恶性循环,以致难以自拔。

当梦想破灭,挫败感袭来的时候,我们会怎样?一些人面对一连串的失败和沮丧的反应可想而知。他们首先试图否认或掩盖失败，然后埋怨自己或迁怒于他人，最终试图去逃避事实。有些人对沮丧已经无动于衷，有些人则用一些于事无补的消极行为企图"亡羊补牢"，有些人永远与沮丧生死与共，还有一些人则选择坐以待毙，虽然他们大可不必如此。

选择：拒绝沮丧或视而不见

乔·佛格里奥驱车从罗萨里托赶回家吃晚饭，诺玛就像什么也没有发生一样在门口迎接他。一家人围着桌子一边吃饭一边聊天，好像一切相安无事。诺玛在烤炉和饭桌间忙来忙去，脸上挂着一丝僵硬的笑容。虽然每个人看起来都真诚而亲切，但是做作得令人痛苦。也许这正是梭罗所说的"大多数人在静默绝望中了度一生"。美国早期诗人瓦尔登·庞德也曾写道："人们总是戴上一副假面具，涂满微笑，以表示'一切OK'，而实际上他们境遇惨淡。"

强烈的自尊让我们不敢去承认事实，不想让别人知道自己的失败。东方人"保住面子"胜于一切，英国人则说"不屈不挠"，美国式英雄的神话是"男儿有泪不轻弹"。我不知道有谁喜欢面对困难，但至少在起初就假装"一切OK"似乎更容易些。于是我们的痛苦就成了天大的秘密。我们在自己心灵的四周砌上了高墙，将所有关心我们、愿意给予我们帮助的人拒之门外，而实际上则像一只带伤的困兽一样，虽然远离别人，但是强烈地企盼被治愈。

你也是这样吗？当你的梦想受到威胁，生活陷入沮丧的泥淖中时，你是选择沉默，还是逃避？或是"勇敢"地假装什么都没有发生，而事实上，你正在遭受灭顶之灾？

诺玛回忆说："乔破产以前，我们的生活相当富裕，我们拥有一栋豪华的房子、一艘游艇、一辆时髦的跑车。破产的时候，我们竭力不想让任何人知道这一切。我们想方设法地继续过着富裕的生活，然而我们实际上已经入不敷出。"

乔苦笑地摇了摇头,"一个很富有的朋友把他的银白色捷豹跑车卖给了我,只要我每月能付他点钱,我们还在加利福尼亚海边租了一幢大房子,位置在从圣地亚哥跨越科罗纳多湾的凯斯岛上。"

"要维持这种成功的幻觉其实也不是很难。至少,当时我们还是维持了一阵子。当破产让我们感到绝望沮丧的时候,我们戴上了假面具,继续苦撑着。"诺玛羞怯地承认。

无论在教堂、学校家长会、办公室、银行,还是在百货商店,乔和家人总是对人笑脸相迎。就这样,他们人前背后完全生活在两个截然相反的世界中,这让他们倍感沮丧:在外面,他们总是戴上面具以掩饰日益恶化的境况,很少有人会想到他们的境遇已经如此糟糕。

这个经历听起来是否似曾熟悉?当假装一切都好的时候,我们往往连自己都无法帮助自己。当我们不承认自己需要帮助时,是没有任何人会伸手援助的。因此,**只有承认现状或者不再忽略它们,我们才能改变现状,消除沮丧。只有承认自己在挣扎,你才能不再挣扎,然后慢慢地与朋友沟通,逐渐得以恢复。**

选择:迁怒他人

洗完碗盘后,乔和诺玛回到了卧室。没过多久,他们就开始互相埋怨:"如果你以前不……","假如你不总是……",只听到他们的声音越来越高,两人的愤怒已经透过墙壁,传到了孩子们的房间。

"我们扯起嗓门大嚷大叫,声音远远盖过了孩子们房间里的摇滚乐。后来,我们不再互相指责,开始把矛头指向其他人。"诺玛承认。

乔平静地说:"我们开始抱怨父母或老师,抱怨朋友或同事,甚至迁怒于美国政府。作为商人,我已经被各种捐税和填不完的表格弄得精疲力竭,还要被那些让人痛恨的法律条文和律师事务所牵着鼻子走,最后我甚至决定离开这个国家。当罗萨里托海岸项目开始走下坡路的时候,我已经进入获准墨西哥公民程序中的第五年,按照程序,我需要放弃美国公民资格,在墨西哥待七年。"

"然而当时墨西哥货币贬值得厉害,我们的净资产直线下滑。于是我们开始责骂墨西哥总统。事实上,也确实没有什么新的发泄对象让我们抱怨了。"诺玛记得。

抱怨导致家庭成员无法沟通,指名道姓地互相大喊大叫、互相责骂,不久就会上升到肢体冲突。事实上,家庭暴力已经让整个国家的公民面临健康危机。

诺玛尴尬地承认:"有一次,我甚至想开枪杀了乔。然而谢天谢地,我枪法不准,子弹击中了车子和卧室玻璃,却一点也没有伤到乔。我想,如果我瞄得准一点儿,乔就一命呜呼了。"沉思良久,她接着说,"如果那时我杀了他,现在我们怎么可能在一起度过这么多美好的时光呢?"

据说家庭暴力(特别是虐待妻子)每15秒就会造成一个受害者。家庭暴力导致的人身伤害,每年都会耗费大约1800亿美元。

在情绪低落的时候,人们常常会做出一些疯狂、危险的事情。诺玛对丈夫在一个午夜打来的奇怪的长途电话仍记忆犹新。那是乔在墨西哥的一个监狱打来的,对于诺玛来说,当时不啻于晴天霹雳。

"我惹上麻烦了,"乔的声音微弱而惊恐。

诺玛紧张地听着丈夫解释所发生的一切。原来乔为了多挣一些钱,自告奋勇地帮助一些毒品走私犯穿越美墨边境。

"我们还没有行动,墨西哥当局就已经知道了我们的计划。于是他们逮捕了我,连续四天四夜不停地拷问,而且说只有拿出一大笔钱,才肯保释我,否则就把我直接送进监狱。"乔心有余悸地回忆道。

后来,诺玛总算筹到那笔钱把丈夫保释了出来。这对他们来说是相当痛苦而又可怕的时刻。但现在回头来看,乔确实是一个在绝望和抑郁中做出疯狂举动的典型。

有些时候,我们自责,充满负罪感;有些时候,我们通过抱怨他人以减轻自己的负罪感,然而抱怨很快就陷入了一种危险的、无止境的恶性循环,并且很有可能演变为暴力和犯罪。伯顿·赫里斯曾说:"听起来不错的理由和真正正当的理由,往往是大相径庭的。"**当梦想破灭而沮丧**

不安时，这正是一个让我们停止抱怨、找出陷入迷茫的真实原因，然后订立正确的计划以帮助我们自己走出阴霾的好时机。

选择：逃避沮丧

在那段充满冲突和沮丧的日子里，乔和诺玛都开始用酒精来麻醉自己，以逃避现实生活的压力。

"我们试图通过酒精来减轻痛苦，然而，我们换来的只是暂时的平静。"乔说。

诺玛补充道："每次只要我们两个一起去吃晚餐，一定会喝个烂醉。"

乔继续说："谢天谢地，我没有染上毒瘾，但是，当时为了能睡着觉，不得不抽很多大麻。现在回头看，我才意识到我们酗酒和抽大麻，给大儿子尼基树立了坏榜样，这甚至导致了他的早逝。"

逃避沮丧在全世界都是增长最快的现象。这个事实让人震惊，然而没有人确切知道，人们每年要花费多少巨资用来排遣痛苦。

例如，素有"瓜果之乡"美誉的加利福尼亚州，最赚钱的不是柑桔、葡萄，也不是生菜、西红柿，而是大麻。很多瘾君子为了逃避责任，辩解说："上次喝太醉了，才……"在20世纪90年代初，大麻已成为美国的头号毒品，有近2250万人（几乎占全国人口的10%）承认他们偶尔或经常吸食大麻。

一般来说，这些绿色的细叶植物加工成块状或饼状后，根据质量的不同，每盎司需要花费100—500美元。如果无所事事的瘾君子们每年吸食6盎司（大约花费600—3000美元）的话，就意味着美国一年大约有700亿美元被他们浪费在所谓的"忘记痛苦"上。然而实际上，这些东西只会让他们的情绪更加低落。

可卡因和海洛因在美国已经泛滥成灾。我们不知道到底多少人患上了致命的毒品欣快症，但有数据表明，已经有50万美国人正沉溺于海洛因。海洛因已经成为美国人和欧洲人逃避现实的首选。在意大利米兰，毒品吸食者每天弃之于街头的废弃注射器就多达三四千个。

有谁统计过犹太居民区垃圾箱或者从纽约到旧金山的垃圾填埋场里的毒品注射针头数量有多少？有谁计算过从海滩到国家公园，从初中校园角落到高中学校的操场看台，从企业的会议室到五星级酒店，到底有多少散落的毒品空瓶？

据统计，全美有 20.2 万毒品滥用者正在接受治疗，这一数字比卢森堡的全部劳工都多得多。

理查德·阿舍在英国著名的医疗杂志《柳叶刀》中写道："希望，而非麻醉剂，是治疗绝望的最佳药物。"我十分赞同他的说法。在以此来警告孩子们远离毒品的同时，我们却常常忘记酗酒已经比吸食海洛因、可卡因或大麻成本更高、后果更致命。

一个真正危险的说法是：美国人正在改变自己的饮酒习惯。即使我们已经知道饮用酒精会增加热量，加重肥胖，也知道过量饮酒短期使人亢奋、长期导致抑郁，但是我们仍然看到个人或家庭在啤酒、葡萄酒和烈性酒上耗费了数不清的资财。我们真的该戒酒了，否则别无它法。在美国、欧洲和日本，酒精泛滥就像瘟疫一样，已经达到相当高的比例。过去 30 年中酒的消费量，在美国已经增加了 50%，在德国则增加了 64%，在日本更令人难以置信，竟增加了 73.5%。

酒精泛滥成为日本社会面临的重大问题。更糟糕的是，他们对此竟然不甚了了，或者不愿公开承认。一份全球性的研究表明，在日本只有 17% 的被调查者认为酒精泛滥问题严重，而在美国，高达 74% 的被调查者表示，他们对酒精泛滥和酒精中毒这一问题"极度关注"。美国与酒后驾车相关的交通事故平均每年达到 184.4 万起，1989 年的丧生人数达 20208 人（其中大多是青少年），永久性致残人数超过 10 万人。我们应该能够理解"反酒后驾车母亲联合会"的母亲们何以如此愤怒和悲伤，因为她们的孩子在各种酒后驾车事故中不幸遇难或致残。

别担心，我可不是主张连街头酒吧都关闭的全面禁酒主义者。但是我们确实有义务支持那些为酒精依赖者提供帮助的类似"戒酒无名会"的机构和其他治疗计划。同时，我们也必须提防自己为减轻压力而过量饮酒，以免导致酒精依赖。

罗马哲学家和悲剧作家西尼卡认为："酗酒是一种愚笨的自愿疯狂行为。"2000年后，伯特兰·罗素的话如出一辙："酗酒等于慢性自杀……它所带来的快感是负面的，只是暂时性地停止不快而已。"酗酒已经成为全国性的悲剧，于个人而言，却是更大痛苦的征兆。当需要一种勇气和创造精神带领我们走出抑郁的时候，我们居然荒谬地想到用酗酒逃避。

近几十年来，含有毒品的处方也开始被广泛用于控制抑郁症。很多人认为，只要由声誉卓著的内科医师和精神病科医生开具的处方，如安定、抗忧郁剂等含毒品成分的药物，对治疗焦虑症就应该很有帮助，也很安全。然而，这些药品的快速流行不禁让我们忧心忡忡。为了逃离抑郁，许多人大量服用镇定剂、兴奋剂和抗抑郁剂，如同吃M&M巧克力一样。

就拿安定来说，20世纪70年代，当一家名为霍夫曼－罗氏的瑞士制药公司将安定、镇定剂和利眠宁引进北美市场后，该公司股价立即大幅攀升，到1989年已经成为华尔街最昂贵的股票，每股售价高达16万美元。它何以取得如此成功？一位医生向我解释说，20世纪70年代末到80年代初期，安定在美国的销量超过其他所有片剂药品的总和。

但是我们绝不能忽视这些含毒品处方带来的巨大负面影响，特别是在和其他毒品如酒精混合使用以后所造成的恶果更是让人触目惊心。那些名人频繁出入加州棕榈泉的贝蒂·福特诊所，寻求解毒良方的事情也在警醒我们：在努力治疗抑郁症时，一定要非常谨慎。

一位观察家写道："镇定剂所带来的只不过是经过包装的平静。如果你认为买了一片镇静剂，就可以买到心灵的平静，也未免把问题看得太简单了吧！"

不能忽视的是，还有一种更廉价的逃避沮丧的方式：电视。电视能麻痹我们的心智。如果统计数字确实可信，那么全世界都沉溺于电视之中。

据权威信息披露，日本人平均每天观看电视剧的时间长达9.12个小时。美国人紧随其后，每天在电视机前的沙发上度过7个小时。我不否认电视积极的方面，它确实提供给我们很多信息和娱乐。然而，这些无情的数据表明：我们已经身陷于其中而无法自拔。我认为，之所以看电视上瘾，是因为人们不想去探究事情发生的根源，而又急切地想逃避抑郁。

希望你不会对以上谈及的数据感到麻木。我想特别强调的是，当整个世界都好像被沮丧吞噬时，逃避就等同于浪费生命。虽然发生在别人身上的事不像发生在你我身上那么重要，但你也要思考一下，自己应该选择何种方式来面对失败和沮丧呢？

选择：向沮丧低头

加利福尼亚州圣胡安－卡皮斯特拉诺市的弗兰克和巴巴拉·莫拉雷斯夫妇，是我们安利事业的忠实伙伴。他们向我讲述了巴巴拉17岁时在堪萨斯城一家银行做出纳员所碰到的经历。

"在银行的息票部，有一位上了年纪的女员工，一生都在为老板和顾客忠诚服务。退休时，银行专门为她举办了告别聚会，同时有蛋糕和带有感谢辞的礼物。我还记得当时她站在会场的中央，潸然泪下，十分痛苦和绝望。"巴巴拉伤心地说。

"第二天早晨，也就是退休后的第一天，老妇人来到银行，向窗户里面望去。后来她走进去，来到工作过的出纳台。一位年轻的女士正坐在她原来的位置上，她想告诉她如何做那些自己经做了几十年的工作。"巴巴拉接着说，"后来我了解到，老妇人从来没有休过假，也没有因为私事甚至生病而请过一天假。银行就是她的整个生命，当她的工作终了的时候，她的生命也就结束了。此后每一天，她都会到曾经工作过的出纳台前，站在那里，越来越无助，越来越沮丧。最后银行主管告诉门卫以后不要让这个衣着寒碜的老太太进来。从那以后我们就再也没有见过她。我常常想，梦想破灭以后，她还能活多久？"

多少人带着梦想死去，或者在强烈挫败感中继续行尸走肉般地活着。伯特兰·罗素这样描述那些因确信自己无力实现梦想而极度苦恼的梦想家："人的一生短暂而无助，所有的努力全是白费，生命最终都宿命般地堕入无情与黑暗中。"莎士比亚笔下的李尔王在看到自己的梦想因子女和王国而破灭时，也大声喊道："我们一出生，就因为来到这个傻瓜们的大舞台而嚎啕大哭。"

前面提到的乔和诺玛非常了解这种痛苦。像大卫因为自己的罪过导致了儿子的死亡一样，诺玛曾经也不止一次痛哭道："哦，我的孩子！我亲爱的孩子，死的为什么不是我？"1988年2月11日，他们的大儿子尼基在一场摩托车事故中不幸丧身。他从少年时代开始直到那年冬天，就一直在酗酒和吸毒中挣扎。一次过量吸食毒品后，尼基产生幻觉，感觉自己年轻而且无所不能，于是把摩托车的油门踩到底，最终，连人带车冲出了海滨公路。

我们的生活不可避免地会遭遇很多悲伤的事情。我不相信悲伤的时候能装出一副笑脸，因为否认沮丧、掩饰沮丧或者努力逃避沮丧，都只会带来更大的悲哀。确实，有的梦想一旦破灭就难以再续。**当梦想破灭时，我们唯一能做的就是哭泣和等待，直到悲伤过去，再次鼓起勇气重启梦想。**

但是我们绝不能在悲伤中低头，绝不能成为失败和失望的受害者。悲观是一种致命的疾病，它能扼杀潜能，窒息生命。我坚信只有希望，而非绝望，才能帮助我们渡过困境。让我们分享快乐而不只是悲伤。我不断地重复讲述一些人的故事，他们能够从绝望中站起来，重新珍爱生命，构筑梦想。

如果梦想还不能实现，如果沮丧阻挡了脚步，我们应该记住：希望还在！

乔和诺玛以及其他朋友的真实经历，并不意味着加入安利事业（或者其他企业、教派、关爱组织等）就一定能确保你治愈沮丧、实现梦想，但有一点可以肯定，很多因无法实现梦想而痛苦不已的朋友和同事加入了安利事业后，已不再继续沉沦。他们把消极的感受当作一个新的起点，而非终点。他们以感恩之心来看待那段经历，没有那些"苦日子"，如何能迎来"幸福时光"？

在黎明到来之际，却因为难熬沮丧的黑夜而选择用毒品来解脱，甚至自我戕害，是多么不值得啊！我希望下面这些话听起来不会显得太盲目乐观，因为在我的生命历程中，我领悟了"隧道尽头见光明"的道理。

风雨过后是彩虹，哭泣会给大笑让步，悲伤总有一天也会向快乐投降。我坚信漫漫长夜之后，太阳照样升起，温暖重回大地。

磨难之后是新的开始，绝望之后是崭新的希望。当我们认为绝望永无尽头时，沮丧便会有机可乘来扰乱我们。实际上，"柳暗"之后，就将是"花明"。

这里并没有掩饰沮丧的意思，我对那些正处于绝望和无助中的人们深表同情，我自己也曾有过痛苦失望的经历。有时候我们需要安定和抗抑郁剂渡过漫漫长夜；专业咨询师、精神病学家、精神病医院会提供很多解决方案；温馨的家庭和朋友也会给我们很大帮助。但如果我们屈从于沮丧，自甘深陷其中，或者容忍自己处在一种"生不如死"的状态，则将错过沮丧带给我们的"机会"。

乔和诺玛并没有向沮丧低头，相反把它看做人生的"警醒"："停！前面危险！"他们解释说，沮丧就像一个要求自我改变的信号。在朋友的帮助下，他们走出了沮丧，对过去有了新的理解，对新生活充满了热情，对未来也有了全新的梦想。

乔和诺玛只是几百个"因为不满足现状而获得改变"的事例之一。**与其把沮丧看做结束，不如看成新的开始。对现状不满将会给你带来全新的未来。**

珍妮特·埃文斯是一位20岁的自由泳健将，她在1988年汉城奥运会赢得了3块金牌，1992年又赢得了一块金牌和一块银牌。她的话意味深长："人生有艰难的时期，也有美好的时光，正因为有艰难，我们才会感到顺利时候的美好！"

乔和诺玛当初也深感此生不再有什么梦想。"尼基死的时候，悲伤和负罪感几乎击垮了我，我伫立在尼基位于圣地亚哥的坟墓前深深自责：为什么死去的是尼基而不是我这个做父亲的？"乔说，"当时诺玛、查瑞和乔伊也在，全家都陷入悲痛之中。很多朋友围在我们的身边，一起分担痛苦。"

乔坦承："在那极度沉默的一刻，我祈求上苍：'上帝啊，再给我一次机会吧。'我已经失去了尼基，任何弥补的行为都是那么苍白无力。虽然乔伊和查瑞已经成年,也很让我们满意和骄傲,但我还想有个能代替尼基的儿子。"

停顿了片刻,乔突然激动起来:"几个星期后,我给一个年轻水手介绍安利事业。他是海豹战队队员,该战队以坚强和英勇而闻名于世。这些卓越的水手曾在世界各地执行任务,与恐怖分子战斗,解救人质;从沉船中挽救失事的潜艇遇难人员。这个年轻人把安利事业介绍给了他的战友、战友的妻子以及战友的朋友。不久以前我成了整个海豹中队战士的'父亲',他们和尼基一样高,一样强壮有力,一样帅气。"

当在财务和精神上都破产的时候,乔和诺玛凭着勇气和智慧重新站了起来。今天他们已经拥有了成功的安利事业和可观的收入。他们不仅重获了曾经失去的,而且收获更多:他们付清了账单,拥有了位于科罗纳多的房产;他们贡献出时间和金钱,支持诸如教堂和"出生缺陷基金会"等公益事业。不仅如此,他们还结交了一群新朋友。正如乔所说:"如果我的汽车发动不起来,我知道只要打个电话,就会有 500 位在安利结识的朋友驱车赶来,带着我和我的汽车到任何我想去的地方。"

更重要的是,乔实现了他当初的心愿——希望有个能代替心爱的尼基的儿子,而且乔拥有的不仅仅是一个儿子,还有上百个年轻的海豹队员和姑娘,他像疼爱自己的孩子一样爱着他们。所以,我的朋友,当梦想破灭、沮丧袭来时,请记住乔和诺玛的故事。

诺玛心情沉重地告诉我:"几个星期前,我们接到安利事业中的两位伙伴比尔和安妮·赛明顿夫妇的电话,他们的小儿子在交通事故中受了重伤,住在凤凰城医院,生命垂危。"

"乔立即赶到圣地亚哥机场,飞到凤凰城,陪在那对极度痛苦的夫妇身旁。后来安妮的小儿子还是死了,比尔在电话里问乔:'乔,如果你是我,会怎么办?'我丈夫怔了片刻,有点哽咽,他想起了经历过的伤痛,然后平静地说:'一切都会过去的,比尔,你和安妮会好起来的。'"诺玛回忆道。

回想起那个电话,泪水顺着乔的脸颊流了下来。他说:"当时,我突然意识到该怎么办,我们应该帮助那些与我们境遇相似的人。当梦想破灭的时候，上天赋予我们力量，让我们坚强起来，去帮助与我们有同样遭遇的兄弟姐妹。这些都是难熬的时刻。当梦想被我们无法驾驭的力量所威胁，虽然有时候会失败，但只要我们并肩战斗，就会取得胜利。凭借互相支撑，学会重新筑梦，回首往事，你会惊奇地发现，我们终于如愿以偿了！"

第3章

我们要去哪里

信条3

生活的改善始于有序地安排个人和公共事务，如信仰、国家、家庭、友谊、教育和工作。

所以，我们必须决定自己究竟想做什么，并据此安排目标。

1955年晚春，华盛顿州亚基马峡谷的种植园主发出紧急求援：宾樱和圣安妮樱喜获丰收，需要大批的采摘工人。听到这个消息，每年都靠在收获季节采摘而获得微薄收入的多尔瑞一家，简单收拾了几件家当就直奔华盛顿州东南部。

当时，杰克·多尔瑞刚刚10岁，但他已经在蛇河岸边的果园里工作过五个夏天。每年采摘樱桃的第一天拂晓，杰克吃完妈妈在露天烤好的薄饼，便坐在活动房外的台阶上，瞪着明亮的大眼睛，看爸爸擦掉一个空罐上沾着的猪油，拿起一把锋利的刀子，在罐两边各钻一个小孔，然后穿上一根生锈的金属丝，打上结，使其正好能让杰克斜背着悬垂到腰间。

"棒极了！"爸爸站在杰克身后欣赏着自己的杰作。

此时，种植园主卡车的轰鸣声打破了清晨的沉寂。

杰克的妈妈拉着他的小手穿过石子路，朝果园走去。他还记得漫步在结满深紫色果实的樱桃树下的情景。

"我那时个子虽然还很小，但是只要踮起脚尖，就能摘到一把樱桃，放到小罐子里。开始几天，我一边摘一边吃。鲜红的的樱桃汁顺着下巴往下流，满脸和满手都是。"

"'宝贝儿，你可不算重量啊，'我们排队把采下的樱桃倒进称重和储藏用的大箱子中时，爸爸开玩笑地提醒我。"

杰克解释说："我们是流动雇工，全靠到加利福尼亚的科灵加至加拿大边境一带采摘水果和干农活谋生。因为是按重量算工钱，所以我吃的每一个樱桃都会减少家庭收入。"

"我们住简易房、帐篷或者酷热难耐又不通风的拖车，用塑料管冲澡，使用便携式马桶。妈妈为我们缝补浆洗，我们穿着破牛仔裤、旧棉衫，趿着磨坏的鞋子，在农田或路边吃饭。我们开着二手车或旧货车，装上全部家当，从一个农场流浪到另一个农场，时时注意着路边那些'招聘采摘工'的告示。我们整天灰头土脸、破破烂烂、精疲力竭、疲于奔命。"

杰克已经记不清楚什么时候开始憧憬过上更好的生活，唯一记得的就是从小就憎恨那些种植园主和大腹便便的农场主们。

他的眼睛掠过一丝痛苦；"记得有一次在加利福尼亚，我们全家在烈日下摘樱桃，而农场主的儿子却在他们豪华别墅的游泳池中游泳。那时我只有十二三岁，站在地里，看到女仆伺候农场主的儿子吃午饭，心里充满了愤怒和嫉妒。"

"尽管年纪很小，但我仍决心不让我的家人再在烈日炎炎下采摘樱桃和苹果。外面某个地方一定会有一种美好的生活，我一定要找到它。我的父母都心地善良、老实忠厚、吃苦耐劳，但我不想满足于这样的生活。起初，我对那些农场主们充满了仇恨，慢慢地，我逐渐意识到我应该让家人拥有同样的生活。从那时起，我就开始梦想拥有自己的企业。"

"我想拥有更多！""梦想拥有自己的企业。"这些豪言壮语听起来是不是很熟悉？或许，你不是采摘工的儿子根本就无法体会那种感受。我们当中的很多人，从孩提时代就梦想拥有更多的东西。我的父亲就曾一遍又一遍地告诫我:"理查,你一定要拥有自己的企业。"

而你的父母会对你说些什么呢?不可否认,一些孩子从来就没有从父母、老师、朋友那里听到如此满怀期望的话,因此他们从来就没有梦想过自己将来能成为环球旅行家、电影明星或者世界500强的CEO。他们只想拿一个高中毕业证,然后每个月能多挣几百元外快,攒钱买一辆车或一套房子,或者在星级宾馆里度假,最好银行里能存点钱以应付不时之需。

无论你是想成为美国第一位女总统,还是想独自度过每个黄昏,你所订立的目标都将成就或毁灭你的前途。

然而,请记住,说"我想得到更多"、"我想做得更好"仅仅是个开始。美国作家本·史威特兰德曾经写道:"成功是旅程,而非终点。"梦想只是从平庸和失败走向成功,实现自我价值的第一步。

"你究竟想成为什么?"这就是"信条3"所隐含的问题。

如果"信条1"认为我们来到这个世界上就是为了筑就伟大梦想,"信条2"承认太多的人无法实现他们的梦想,那么"信条3"则提出了一个重要的问题:"怎么办?"即如果我们的梦想偏离了目标,我们如何让它重归正确轨道?

诺玛·文森特·皮尔曾说:"当你改变了思维,你的人生也将随之改变。"如果我们发现自己现在所做的并不能使梦想变为现实,那么我们的思维应做出什么改变以实现梦想呢?

事实上,太多的人并没有清晰的梦想:"我们根本就不知道自己究竟想去哪里,怎么会对没有到达目的地感到奇怪呢?"哲学家阿尔弗雷德·诺斯·怀海德曾经写道:"我们想的是大概,却生活在细节中。"所以,**仅有梦想远远不够,更为重要的是,我们必须将梦想付诸具体实际的行动**。但是,如何把自己的梦想具体化、可视化呢?

一些人根本就没有梦想。高中的时候,我参加过一位青年的幻灯片演示会,他曾经为自己树立了20个看似几乎不可能实现的目标。他18岁时就发誓效仿自己的偶像菲尼亚斯·佛格去周游全世界。这个目标竟然实现了,而当天活动的主题就是"80天环游世界"。

我坐在放映室的座椅上沉思："我的目标是什么，为什么我还没有制定自己的目标？"当时我将要高中毕业，成绩马马虎虎，出勤记录正常，在所有老师眼里普普通通、毫不起眼。事实上，我的确不引人注意。那次会后，我就开始为自己确立目标。

我们大多数人生活得浑浑噩噩。每天清晨起床后，漫无目标，晚上也不想想做了什么就稀里糊涂上床睡觉了。生活变成了一种按部就班的苦差——我们做的事情都是父母吩咐的、老师安排的、老板命令的、朋友期望的。

作家、演员、制片人兼慈善家比尔·考斯拜这么说："我不知道成功的捷径是什么，但是我知道失败的原因是试图取悦每个人。"《周六夜场秀》里说："抓住你的生活！"这确实是个好想法，而且它开始于两个简单但具有破坏性的问题，也就是"信条3"的核心思想：你到底想成为什么？你究竟想做什么？

这就是你的人生。时间在滴答声中悄然流逝，即便你在读书时也是如此。停下来吧！抓起纸和笔，认真回答以下问题：

什么是我的人生目标？

我到底想成为什么样的人？

在短暂的生命中应该做些什么令自己兴奋、充实而有价值的事情呢？

我今天向目标迈进了么？下周、下个月呢？明年呢？

行动起来吧！确实应该如此。立刻花几分钟时间思考一下指引你生活的目标，把它们写下来。写完后，不要扔掉你手中的笔，再给自己一点时间，检查一下你所列的所有目标，并圈出最重要的部分，大声诵读。然后扪心自问："我今天为达成目标做了什么？"

此时，如果你还没有目标，就赶快制订出来！立刻开始，不要犹豫，直到你为生命中最重要的目标迈出了第一步。

然而，如果你的第一个目标是赚更多的钱，第二、第三和第四个目标一直到你的最后六个目标还是赚更多的钱，那么你很可能一开始就会遭遇瓶颈。根据我的经验，只以赚钱为目的的人很少能真正赚到钱，相反，那些知道自己为什么需要更多钱和想用钱做什么的人，则更有可能达到自己的目标。

斯图亚特·梅恩医生是个典型的例子。1968年，他结束了医学院住院部实习医生的工作到美国空军服役。两年后，他开办了一家内科和肺病诊所。没多久他就发现，开办一家医疗诊所，要担负每月的经营成本和医疗事故保险费，这迫使他只能把病人当顾客看待，而非需要帮助的人。

梅恩承认："当时我很需要有额外的收入源，让我能够依病情为病人作诊断，而不考虑经济因素。"在他兼职为安利营销伙伴的5年生涯中，梅恩获得了双倍的收入（而相同水准的收入，必须要付出几十万美元，经过4年医学院漫长、刻苦的学习，一年实习一年住院实习和几年在职培训后方能获得）。最后他完全可以做自己一直想做的事情。因为有了第二条收入渠道，他就可以医治那些付不起医药费的人，可以更从容地对待病人，可以从诊所抽出时间来从事他感兴趣的失眠治疗研究。

"当人们集中精力，为生活设立了目标，并为此全力以赴，奇迹就会发生。"梅恩医生说。

马格丽特·哈迪是从牙买加金斯敦移民到美国的。她遇到了泰拉·哈迪，二人结了婚。马格丽特做法律助理，以帮助丈夫完成纽约州立大学工程技术学位。泰拉出生于南卡罗来纳州斯帕坦堡的郊外，从小生活在充满歧视和偏见的环境中。但是凭着响当当的工程学位，还有美丽聪颖的妻子，泰拉知道不久的将来，一定会实现自己的美国梦。

在久负盛名的纽约工程公司工作16个月后，泰拉期待着自己将会和其他白人同事一样获得升迁机会。他回忆道："毫无疑问，我肯定会得到新职位。对此我不会感到惊讶，也从来没考虑过会落空。"他补充说："但上司把我叫进了办公室，解释我没有升职的原因。"

"'你的职位已经到了极限'，老板没有一点羞愧之情，'泰拉，没有人比你干得更让我满意了，'老板真诚地说，'但我们总不能让黑人监管白人，你说是吗？'那一刻，不仅仅是希望落空，我的美国梦也轰然倒塌了。"

泰拉和马格丽特·哈迪是需要钱，但是他们需要的不仅仅是钱，他们需要一个机会——一种公平的游戏规则：以他们的工作能力作为评价标准，对他们的付出给予公正的报酬。而今天哈迪夫妇已经拥有了一份成功的安利事业，赢得了他们梦寐以求的、远远比金钱更多的东西。

里夫·詹森在开始安利事业时是一位验光师，他的工作能让6个孩子生活无忧，但是他还想多挣一些，以帮助那些需要帮助的人。然而保险费率的上涨、政府干预的增加、管理费的提高，使詹森花在工作上的时间越来越长，而花在孩子们身上的时间和金钱却越来越少，更不用说帮助其他人了。

里夫的妻子贝弗莉·詹森是一位天才音乐家，在阿苏萨太平洋大学担任音乐教授时曾经历了一段痛苦的婚姻。她和前夫曾是安利的营销伙伴，离婚后她继续从事安利事业。"我在基督教学校教学，薪水不会太高，需要有充裕的收入来抚养两个孩子，同时还想帮助那些有音乐天分的学生完成学业。"

贝弗莉·詹森强烈地感觉到安利事业为她这样的单身母亲提供了最佳而可行的机会，使她既能获得额外收入，不必长时间外出工作，又感到安全、舒适，也方便照顾孩子。

虽然，将忙乱的生活、需要照顾的家庭和成功的事业协调发展并非易事。但是在最艰难的时候，贝弗莉和里夫·詹森靠所建立起来的事业，使他们有了可观的、额外的时间和金钱去帮助那些迫切需要帮助的人。里夫和贝弗莉为学音乐的学生和运动员设立奖学金，在瓦图兹开办体育用品折扣商店，赞助东部乡村的管弦乐队来西部学习，资助欧洲音乐家来俄勒冈州立大学巴哈音乐节演出，还筹募几十万元用于"复活节封印协会"残障儿童支持计划及其他慈善事业。

上述故事不仅仅和赚钱有关。正如前所说，我们生活的社会并不完美，它只能使一部分人成为百万富翁，但它又是伟大的，它可以帮助成千上万的人成就自我。

梅恩医生并不是简单地想赚更多的钱。他想做一个对他的病人充满仁爱之心的医生，他想做临床研究以帮助人们远离病痛。同样，马格丽特和泰拉·哈迪想摆脱不公平和褊狭的境遇，去做一些让他们更为自豪、快乐和有保障的事情。贝弗莉和里夫·詹森不仅仅为赚钱而从事安利事业，他们要照顾孩子,还要支持俄勒冈乃至全世界的慈善活动。这些不仅意味着赚钱,更重要的是激发人们自由地追逐梦想。

这些简短的故事,并非刻意宣传安利公司。在安利之外,世界上还有无数的成功机会。正如泰拉·哈迪所提醒的:"机会总在那儿,不要放弃,你的机会正在来临,但你必须做好准备迎接它。"他笑着补充道,"当它来到你面前时,千万不要让它溜走,我们要满怀信心,抓紧它,坚持住,最后就一定能得到我们想得到的东西。"

梅恩医生和哈迪夫妇想赚更多的钱来达到他们更高层次的个人目标——你为什么想赚更多的钱?你一生想成就什么,你想如何去做?伟大的目标来自伟大的信念,你的信念是什么?激励和指导你人生的价值观是什么?

几十年前,如果你在美国大街上问一个陌生人最有价值的东西是什么,他的回答可能依次如下:上帝、家庭、友谊、教育、工作。然而现在越来越多的事实证明,人们对曾经抱以极大信任的价值观正在渐渐失去信心。

如果大多数人对我们父辈所秉承的那些价值观——信仰、国家、家庭、友谊、教育、工作——失去信心,那我们将面临至少两大问题。

第一,纵观历史,这几个方面都是人类价值观的基本构成元素,没有它们的指引我们将何去何从?

第二,在艰难困苦时刻,它们是我们获得动力和支持的源泉。今天,当我们需要它们的时候,何处才能寻得?

"你的人生将去向何方?"这是"信条3"隐含的问题。在真正获得成功以前,你需要诚实地回答这个问题。或许到现在你还没有过多思考"价值"这一问题;或许你只是思考那些对你父辈重要、如今对你仍然重要的事情;或许你仍旧尊崇这些基本价值观,即使已发觉它们不合时宜,但你仍努力改进;或许你已经抛弃这些看似陈旧的价值观并找到指引你人生的新的信条;或许你在争论不休中早已困顿不堪,只想简简单单赚些钱以支付账单。

我写这本书并非让你改变信仰,接受我的价值观,也不是想让你认同我的目标。价值观终究是你的事情，完全是个人意愿。有很多成功的人士，他们有着不同的价值观。但是，**除非你对人生有一套积极、核心的价值观，否则你的目标将贫乏而无意义**。没有建立在价值观基础上的目标不仅无法帮助你成功，而且还可能把你带向危险、毁灭之路。

感谢母亲，她确立了我的价值观。她教会我要爱父母、爱自己、爱邻居。我知道我有时过于单纯，但是它们都是我必须尊崇的。有时成功，有时失败，但我的言行都会以这个简单问题作为评价标准："我爱得如何？"

美国桂冠诗人罗伯特·弗罗斯特在他的杰作《黑人农庄》中写下了这样的佳句："在生活中我们所思所见的大多数变化，都缘于真理被尊崇或否定。"如今，爱常常不被尊崇。如果我们的价值观已经被抛弃或正被抛弃，都因为爱已经或正在被忘记。

我们生活的社会、家庭和友谊的衰落皆因不再以爱为核心所致。如果你想获得成长，提升人生效能，就应当多撒播一点爱，给爱一点机会。无论作为个人，还是国家，我们都需要伟大传统的复兴，而当生活在这个国家伟大传统中，每一个人重新开始互相友爱时，伟大的复兴才真正开始。

英国诗人W.奥登说："我们必须互相友爱，否则无异于死亡。"

爱是一切事物赖以生存的基础。学习爱要花一辈子时间。让爱作为我们所有目标和行动所应遵循的准绳吧！

杰克·多尔瑞回忆说："当我还是个孩子的时候，每天在烈日下采摘10个小时的樱桃，我深深痛恨那些大腹便便的农场主。每当看到衣着光鲜的农场主的孩子骑着小马在田地里飞驰，我就会因为自己的破衣烂衫和灰头土脸痛恨自己，痛恨他，痛恨对我父母如此不公、让我童年备受艰辛的农场主。"

14岁的时候，杰克和父母在华盛顿格兰德维尤的一家大型马铃薯种植厂干活，"我的第一份工作就是在陈旧的木制灌溉管道旁边除草，老鼠和响尾蛇就躲在木槽下面。每次伸手进去拽杂草和清理垃圾，就害怕老鼠咬掉我的手指或者响尾蛇的毒牙咬住我的胳膊。"

"十五六岁的时候，我已经能扛起一百磅重的马铃薯并且把它们码到垛上。最终，在做完马铃薯种植园和加工厂所有工种后，种植园主提拔我当了经理。不久，我和一个在内布拉斯加州长大的农民的女儿丽塔结了婚。"

"成为种植园的经理是一个巨大的成就，远远超出了全家对我的期望。我在那片地上奔忙，就像那片地是我的一样。我早出晚归，5点钟下班铃一响，其他人都下班了，而我还要再加班四五个小时，以确保已经为明天的工作作好了准备。毕竟，我是采摘工的儿子，我有从早到晚整天干活的心态。"

"我和丽塔一天有12个小时不在一起。她是美容师，经常加班，我则几乎住在种植园。随着时间推移，我开始有了不满。我没有尽到丈夫和父亲的责任，又如何可能爱自己？我一天花12—14个小时投入到工作中，却从老板和下属那里得不到半句感谢的话，这叫我如何能爱他们？"

杰克和丽塔开始寻找能帮助他们找回自己生活的事业。当找到的时候，他们拥抱它并对它倾尽全力。带他们进入安利事业的伙伴给了他们特别的爱，这种爱是在樱桃园老板和马铃薯加工厂厂主那里从来都得不到的。安利事业的伙伴们会为他们的成功而庆祝，也会在他们沮丧的时候给予安慰。

追求新事业的成功并不容易。不久，他们学会了要给予顾客、事业伙伴同样的关爱。在新事业的发展初期，往往需要比以前花费更多的时间、精力，做出更多的牺牲。

丽塔回忆说："我们住在一间狭小但还算便利的公寓里，坐在厨房就可以够得到任何东西。我们投入了不少资金和好几年的心血来让美梦成真。开始是白天从事固定工作，晚上和周末拓展安利生意，最后则选择了全职从事安利事业。虽然万事开头难，但最终我们成功了。这个'小生意'已经发展到了每年几百万的收入。更为重要的是，那个小生意不属于别人，而属于自己。现在我们可以随心所欲地按照我们的方式来帮助自己，帮助别人，而这些，是以前从未想过的。"

你的目标是什么？你的生命将去向何方？杰克和丽塔非常爱自己，他们制定了目标，去奋斗，去做一些改变，在创业过程中学会了爱家人，爱邻居，爱朋友。采摘工的后代现在也可以拥有六位数的收入，他们的孩子可以在自己的游泳池自由畅游，而他的家人、邻居、市镇的生活都因他们有时间和金钱奉献爱心而得以逐渐改善。

我们生活在一个价值观需要被重新定义和创造的时代。这个时代充满了机遇，我们可以用创新的解决方案来应对新问题。巨大的机遇孕育着巨大的成功，新的生命力推动着人类文明滚滚向前。

如果努力工作，在四周重新发现并播撒爱，我们的经济状况将会好转，我们的家人、朋友也将可以自由地选择人生目标，并互相帮助达致愿景。

请记住杰克·多尔瑞——一个采摘工的儿子，童年时在炎炎烈日下采摘樱桃，渴望生活变得更好一点；请记住丽塔·多尔瑞，从小生长在内布拉斯加的农民家庭，渴望有一天拥有自己的企业。而我们的事业，终于使他们美梦成真。

第4章

我们需要做什么样的改变

信条 4

有序地理财——清偿债务、学会与他人分享财富、制定财务计划并切实遵守——是促进生活轻松起步的前提。

所以，我们需要付清账单，设定财务上的优先次序。

1972年秋，北卡罗来纳州一个温暖的黄昏，哈尔和苏珊·古奇夫妇开着车，缓慢地经过托马斯维尔中心的芬奇庄园。哈尔25岁，刚刚退役，在他父亲经营的家具公司上班。苏珊22岁，在他们公寓附近工业园里的一家大型玻璃厂做计算机操作员。

哈尔回忆道："芬奇家族拥有托马斯维尔家具公司，在我们这个只有1.6万人口的小镇，就有6000人在芬奇先生的企业工作，也难怪他能建这样大的庄园。"

"他是我们镇上最富有的人之一，很多夜晚，路过他们那15000平方英尺的豪宅时，我们总是想，什么时候也能住进如此豪华的房子？"苏珊说。

哈尔解释："我在父亲的公司里薪水还不错，虽然不算太高，但也基本够用。苏珊有一份按钟点计酬的工作，可以贴补家用。然而每到月底，在付清定期的账单后，我们就所剩无几了。"

"将来不仅要拥有一所大房子，而且，将在托马斯维尔拥有像芬奇那样的豪宅。"哈尔喃喃自语说。苏珊笑着，紧紧握着丈夫的手，心想只要能还清所有的账单，收支平衡，早日搬出这个月租55美元的房子就不错了，更别说价值百万的豪宅。

你了解那种感受吗？就是那种你有一个梦想，却不知道是否有能力去实现的感受。如果仅仅是个雇员，你是否会发现无论自己如何节省，日子总是越过越艰难？如果哪一天失业了，邮差一来，你是否会感到阵阵恐慌？你是否刚梦想买房、买车或全家度假，甚至搞一点储蓄的时候，梦想就立刻被铺天盖地的账单淹没？

苏珊解释说："我们没有大学学位，父母不富裕，也没有有钱的亲戚可以依靠。我们的开支不断增加，而储蓄越来越少。要想实现梦想，除了多挣钱，没有任何别的办法。只有努力挣钱才能解决问题。"

多挣钱的方法有很多，但是在你创办新企业或拓展原有企业之前，一定要处理好自己的财务。俗话说："如果你无法靠现在挣的钱过日子，那么挣得再多也不够花。"

"一味盯住新问题，是无益解决老问题的。"比尔·贝瑞德说。比尔是安利最成功的营销伙伴之一，他强调"要事第一"。

"要想解决财务危机，先要把手头的账单付清，至少有一个清欠计划，然后再准备去尝试新的风险，新的事业。"安利加拿大公司最成功的营销伙伴之一吉姆·詹斯补充道。

事实上，很多人在财务上一塌糊涂。原因很简单：花的比挣的多。但问题解决起来并非如此简单，尤其是成为既成事实后，信用卡账单雪片般飞来，想翻身都难。一旦陷入混乱、恐惧、愧疚、无助的境地，做事就会畏首畏尾。

如何才能重整自己的财务生活？在和很多人交流后，我发现大家一般都同意以下五个步骤：第一，清偿欠债；第二，学会与他人分享财富；第三，每月要储蓄；第四，严格限制开销；第五，学会按照以上规则生活。

清偿债务

有一个英国贵族破产了,他的裁缝要他偿还欠债,哪怕先付一点儿利息也好。贵族答复说:"我的兴趣不是清偿本金,我的原则也不是清偿利息。"①

我们身边的很多人不可能像那个虚伪的贵族一样轻易逃避债主,正如大急流市百货公司的信贷经理所说:"一个好的顾客想延期还款时会通知我们,然后为表现诚意会随函附上一张支票或汇票,先清偿部分过期欠款。我们把那些人看做负责、值得信任的客户。我们会力所能及地帮他们渡过经济困难的时期。"

但是我们必须有积极的行动去清偿债务和使财务有序。为此,这位信贷经理提供了一些建议:"第一,明确总的欠款额;第二,计算出每月或每周能够还款的数额;第三,和债权人商定一个合适的还款额;第四,提醒自己守信还款;第五,告诫自己量入为出,以避免再次陷入财务混乱。"

这确实是个很好的建议。你认为怎么样?你有大笔债务吗?你有还款计划吗?你有没有和你的债权人沟通,取得他们的谅解和支持?你有没有忠实地履行还款义务?你是否量入为出?这个小计划看似简单,但行之有效。

罗恩·拉梅尔取得德州科技大学的建筑学学位后,又获得奖学金赴剑桥留学一年。回到美国后,他踌躇满志,满怀热情地期待新的开始。不久,罗恩就在一家久负盛名的建筑公司谋到一份好差事。他的妻子梅拉妮也

---

① 本句原文是 "It is not my interest to pay the principal, nor my principle to pay the interest",贵族通过 "interest" 的不同含义以及 "principal" 和 "principle" 两次的音同义不同,侥幸赖帐。另外,两个词都可追溯到同一个拉丁词 "princeps",意为 "在时间,地位和权威上第一的",因为在在中古英语时期还没有发明印刷术,拼写混淆、通用比较普遍,有些类似于中国文言文的 "通假字"。——译者注

在一家学校担任五、六年级的语言教师。然而世界石油市场突然崩盘，达拉斯原本繁荣的经济迅速衰退，罗恩和梅拉妮顿时失业在家，身陷巨债。万事达卡被停用，其他信用卡也被透支到限额。

罗恩回忆道："我之所以花6年时间去获得大学学位，是因为很多有经验的人告诉我建筑师一月可以挣到800美元，但现在一切都崩溃了。后来我听人介绍了安利事业，便加入了。"罗恩承认，"当时只有两个目的：一是清偿债务，二是有更多的时间和家人待在一起。"

他说的是实话。清偿信用卡欠款，是上百万美国人的主要目标，通过兼职赚钱还债已经非常普遍。罗恩解释说："我从事安利就是兼职，我们尽量不买东西，每周工作7个晚上，每天工作12个小时，只为了还债。"

就这样，罗恩和梅拉妮·拉梅尔不仅偿清了所有账单和信用卡欠款，而且还建立起了成功的事业。这使他们再也不用为债务而感到压力重重，同时，他们有更多的时间陪伴孩子，帮助邻居甚至世界各地的人。

在迈向未来之前，我们必须对以前的行为负责。如果你需要制定一个更为详尽的还款计划，可以到银行专家和当地的信用卡经理那里寻求帮助，同时还有各种书、磁带、研讨会和咨询顾问帮你解决难题。**偿还欠款和完成其他目标没有两样，你都需要计划并且按计划行动。**

美国幽默作家阿特莫斯·沃德写道："让我们尽情快乐地生活，哪怕借债度日。"这种态度是不可取的。借钱非但无助于逃避债务，还会增加债务。信用卡日益成为美国个人负债的罪魁祸首。解决个人信用卡问题或许无法全部解决个人债务，但这是一个很好的开始。

把信用卡欠款全加起来，然后，把你的房贷、车贷、上学期间的贷款以及其他贷款全部加起来。这很不容易，但是一旦你把这些可怕的数字写下来，并记在脑子里，一旦财务底线真正清晰明了，你就会被激发起来，放弃去使用信用卡，制订切实可行的计划偿还债务。把欠债总额写在一张小纸条上，粘在你手头的每一张信用卡上，粘在冰箱和汽车仪表盘上，你甚至可以用肥皂写在浴室的镜子上，或者用铅笔刀刻在支票簿的橡胶封面上。一旦意识到究竟欠债多少，你就已经在控制支出，清偿债务了。还有一个有趣的随时提醒自己的办法：拿一张塑料卡片，随时读出刻在上面的话："我欠这张卡 4321 美元，总共欠 74000 美元。"

然后，每次使用信用卡前，闭上眼睛，问问自己：这件东西值得买么？我还要再添一笔新债吗？没有它我就活不下去了吗？

清理手头的所有信用卡。把它们在客厅地板上排成一排，将过期的信用卡撕毁——即便是过期的，放在身边也很危险，因为骗子喜欢在那些塑料卡片上做文章。找出并使用那些利率较低的有效信用卡，可能会在未来 10 年帮你节省上千美元。

特里莎·崔琦在《金钱》杂志中提醒我们，如果想保持一张信用卡收支平衡，就选择一张低利率的卡，它能让你省不少钱，即使需要年费，也比不收年费但利率高的信用卡合算。

把手头信用卡所需费用加起来，你也许会吓一大跳。崔琦指出："平均 1200 美元透支额，按大型银行的信用卡年利率 19.8% 计算，利息 237.6 美元。"她补充说："你可能还需要交 18—20 美元的年费。"

拒交年费。如果你发现账单里有这笔费用，就拨打发卡行的免费电话要求取消。如果他们不接受申请，就警告他们你将取消信用卡。看看接下来会发生什么？如果他们坚持收年费，就弃之不用。

手头别超过三张信用卡。《拉姆银行卡研究快讯》社长罗伯特·麦金利建议，对免年费带宽限期而且每月都能够清偿的卡，可用于购物；低利率最好也免年费的卡也可用于购物；第三张可以是低利率卡，只用于商业交易。

不仅要扔掉过剩的信用卡，还要偿还欠款，然后通知银行取消他们的卡。即使你已经通知取消了该卡，但还是要仔细审查，确保它已不在使用状态，银行也没有往你的每月账单上增加费用。

与他人分享

我的许多朋友和同事都同意，清偿欠款是迈向成功的第一步，这并不稀奇。但他们中的绝大多数也都认为，学会与人分享是有识之士所应当做的，即使他还并不富有，甚至还在清偿债务。

保罗·米勒是安利的营销伙伴之一，他笑着说："我们都是'获取综合症'的受害者，我们教给别人生存的第一招就是远离债务。"然后他说了一句令人吃惊的话："摆脱债务的第一步，就是奉献。"保罗强调说："**不要等你富有的时候才想到慷慨，现在就应该乐善好施，日后你一定会惊讶于所得的回报。**"

在衣食无忧时大谈奉献当然易如反掌。但是保罗和黛比·米勒提醒我们，奉献不是成功的结果，而是开始，是每一个阶段都要做的。

当我们谈论奉献时，不仅仅是指捐出一部分财产，而更多的是在谈一种态度，它影响到我们的方方面面：选择开发和销售的产品，兴建的厂房和购置的设备，采购的原材料和产生的废物，批准的广告与营销方案，尤其重要的是我们所接触到的每一个人，如家人、员工、顾客，甚至竞争对手。

倘若有钱的时候再去谈奉献，或许永远也做不到奉献。因为漫漫人生中，施予比接受更困难。

以我的经验来看，那些从创业初期就慷慨施予的人都会获得成功，他们为顾客和竞争对手所喜爱着、感激着。最终，一切都将成为过去。你如何被人们追忆取决于你开始如何做。人生的目的，在于奉献，在于助人。

你知道史怀哲的故事吗？他是一位多才多艺的医生和科学家，是世界上最了不起的巴赫音乐的演绎者，而且在欧洲所有的教堂都举办过他的管风琴演奏会，他的哲学讲演和著作足以让他永垂不朽，但他仍旧将自己的大半生，投入到加蓬兰巴雷内乡村医生的事业中。

在奥格威河岸边，史怀哲博士为那些"被遗忘的人们"建立了一所医院。世人纪念他，不仅因为他非凡的音乐成就、他的煌煌巨著、他赢得的诺贝尔奖，更因为他将把生命奉献给了那些需要帮助的人。当然，你不必像他那样做。每个人同样都有机会在生命的每一天慷慨施予。

英国诗人华兹华斯写道："好人生命中最有价值的部分，是他那些细微的、不为人注意的、默默无闻的友善和仁爱。"很少有人能获得史怀哲那样的声誉或者拥有华兹华斯那样的雄辩口才，但这并不重要。他们也指出所谓名声不过是空幻的外表罢了，真正重要的是奉献施予的快乐。我们很多小小的施予，或许并不为人知，但我们仍要坚持去做。不是因为这是善行，而是因为它是我们自己的荣耀。慷慨地给予那些需要的人以希望和帮助，施予者也会获得快乐和满足。

每天储蓄一点点

母亲送我的第一个存钱罐，上面有手绘图案和可扳动的铁铸机关。每次，我都把硬币直接从洞口投进去，或者放到鸟嘴上，然后按一下机关，硬币就从洞口掉了进去。每月，妈妈都会带我到坎特第一银行的当地支行去一次，把储蓄罐里的钱存进为我开设的私人账户。我会十分欣喜地望着银行职员数钱币，然后填写存单，最后签名盖章。

你孩提时有存钱罐吗？或许它只是一个玻璃罐，只是在上面的金属盖上开了个小口，或者是一只彩色的瓷制小猪储蓄罐，底部还贴着紫色墨水写的"HECHO EN MEXICO"（墨西哥制造）。那个年代，我们是储蓄的一代。无论钱多钱少，每个家庭都有一个储蓄账户。每当发工资时，爸爸都要去银行存钱。即使在困难时期，每个家庭每个月都尽量存一点。

但如今，一切都变了。美国的储蓄率低于其他工业化国家。仅仅隔了一代人，我们的储蓄率就下降了6%。日本人平均每月的储蓄率为19.2%，瑞士人每月存款22.5%，而美国人仅为2.9%。这就意味着，如果遇到困难，平均每个美国家庭可以拿出4000美元应急的话，瑞士家庭可以拿出19971美元，而日本家庭则可以拿出45118美元。

你每月存款占收入的多少呢？你有多少银行存款可以用来应付不时之需呢？请记住这条基本储蓄规则：你至少要有一个月的薪水存在银行，以应付突如其来的变故。按这个标准，你是超过了还是没有达到？

《我们在哪儿》的编辑总结说："从长期来看，储蓄减少不仅降低了家庭安全保障，而且严重地削弱了国家投资未来建设的资金数量。"

我知道，对一些家庭来说，储蓄是困难的，特别是债务缠身，并且每个月都入不敷出的家庭。但如果每个月都坚持存一点钱，长期下来，你会惊奇地发现，即使在困难时期，你仍有数量可观的存款。

《黑色企业》杂志的编辑建议：每个家庭至少要存3个月的收入以应付突发事件。他们还建议，有孩子的家庭应该设立"安全成长共同基金"，开始准备孩子大学期间的费用，每周存入12美元，每年10%的回报，15年后，便会赚3.5万美元。

可不幸的是，往往存的钱还没等孩子上大学或者还没等退休就被花了。医疗费用不断上涨，家庭开销乃至修车费用也不断上升，谁知道下一个难关又会花去多少？许多人难以应付自己的需要，就因为他们无法量入为出，而银行账户空空如也。

你知道S.S.克雷斯吉么？他于美国独立战争后，出生在宾夕法尼亚州荷兰郡中部的一个贫农家庭。其职业生涯从在五金店做推销员开始后来受弗兰克·伍尔沃斯的全国小商店"现购自运计划"的激发，创立了宏大的事业。1932年，他已经拥有了几百家商店。

S.S.克雷斯吉是储蓄的大力倡导者。据他的传记作者介绍，他一生都在攒钱并且试图保有它们，到晚年已是美国最富有的人。他从不打高尔夫，因为无法忍受丢球。他的鞋一直穿到无法再穿，如果鞋底太薄而渗水，就垫上旧报纸。遗憾的是，他的前两任妻子都因其吝啬而跟他离了婚。

而今天，克雷斯吉基金会是全美最大的慈善机构之一，而且以慷慨、眼界开阔而声誉卓著。克雷斯吉逝世数年后，他的财产都被捐了出来。可以说，许多大学、医院和公共服务机构都受益于他的节俭。其实，如果克雷斯吉先生在世时就学会与人分享，岂不是能获得更多乐趣，人生会更加完满？至少，在还有那么多人和慈善组织需要帮助的艰难日子里，我们应该自问这个问题。

设定财务限制，并严格遵循

英国前首相撒切尔夫人在对下议院的一次讲演中，曾简短有力地说："我属于钱攥在手里才敢花的一代人。"无论你对撒切尔夫人持何种政见，我们都应该认真思考这句至理名言。

这里面其实隐含着两个问题。

第一，很多人不知道他们手里是否有钱，而且通常不清楚银行账户的结存情况，更别说欠款数目了。

第二，他们从来没有制定个人或家庭的预算，即使制定了，也从来没有严格执行过。

由于没有财务预算，他们即使手头有钱，也不记得多少钱已经用来支付账单、帮助他人或者储蓄起来。他们每天饮酒作乐，到了早上又莫名其妙地为此头痛。

如果你还没有财务预算，为什么不利用周五的晚上或者周六的下午召开家庭会议？主题很简单：为你的财务支出设定限制并切实遵守。

和家人一起玩个游戏（如果你是单身，就自己来；如果你们夫妻还没有孩子，那就小两口儿玩）。要发挥创造力、使之有趣，兴奋起来，让它充满新鲜感。当做得好时，还可以给参与者（或者你自己）奖励，比如看一场电影，或者去海滨玩（一定要确保在预算之内）。谈钱不一定痛苦，也可以充满乐趣。不妨试试吧！

第一步，把每个月的日常支出加起来，比如保险、税，可能每半年或一年才缴一回，但需要现在就列入预算。

第二步，把需要偿还的旧账、帮助别人的开支和准备存入银行的款项加起来。

第三步，从你的每月收入中减去第一第二项。如果还能留下一些钱，你可以给每个家庭成员分配点零用钱或者尽快把债还清，或者帮助有需要的人。

如果通过以上三步，你发现自己的钱所剩无几，或者更糟糕，甚至是入不敷出的话，那你现在就得咬紧牙关，缩减开销。这时候，或许你会考虑多挣点儿，千万别这么想，因为这样会让你花得比挣的多，它不但对现有的状况无益，反而恰恰是陷入财务混乱的开始。

第四步，全家围坐在一直，分别承诺按所定预算进行开支。而到月底，再次召集全家，做好下一月的预算。制定预算很容易，但切实按预算执行可并不简单。

第五步，对信守承诺、没有超支的家庭成员进行奖励；与超支的人一起讨论存在的问题，直到大家都满意；对超支的人扣减下月零用钱以示惩戒；商定哪些预算应加进来，哪些要除去，哪些要增加，哪些要减少，重新承诺下个月忠实遵守财务预算。

为了避免月底亏空太大，你还可以根据需要召集家庭紧急会议，讨论预算外的超额开支，并达成控制开销的折衷办法。

小两口儿或者全家聚在一块儿，认认真真地起草一份家庭预算，确实是很有意思的事情。不过，一定要做出开支限制，并且监督是否切实地按预算执行。

许多时候，我们都是不到最后关头不谈钱。我们不停地消费，直到突然有一天，欠款和利息威胁到正常生活时，我们才开始彼此埋怨花多了。如果及早做好财务规划，就可以避免导致关系破裂、避免引发家庭暴力甚至人命事件。很多事例都说明，因钱的问题而导致关系破裂甚至离婚的情况，要远远高于其他原因引起的家庭纠纷。

还记得本章开头提到的哈尔和苏珊·古奇吗？他们曾羡慕地仰望着芬奇家的豪宅，而心里却在为是否有钱支付账单犯愁，更别说住进豪华的大房子了。现在再看看他们吧！20年过去了，他们付清了账单并实现了财务自由。他们从小小的安利事业起步，努力工作，业绩不断增长。而他们的购房梦想，也从夏日的乡村木屋，到托马斯维尔家具商的庄园，变成了现在的山村别墅——在这里，住着哈尔、苏珊和他们18岁的儿子克里斯。

他们的经历并非个案，类似的故事数不胜数。人们建立起大梦想，于是谨慎用钱，量入为出，清偿账单，让自己的财务日益稳健。他们开设储蓄账户，每月存钱，有时哪怕只是一点点。他们学会了分享快乐，学会给需要帮助的人慷慨施予，即使自己还不富裕。到后来，他们真的就梦想成真了。

当然，他们也要做出牺牲。据我所知，哈尔十分喜欢钓鱼，但为了方便他和苏珊穿州越郡，为未来事业打好基础，拓展生意，他们不惜卖掉自己珍爱的一艘小渔船，换来了一部房车。

苏珊还记得："当哈尔卖掉他的小船时，朋友们都取笑他。他们认为我们的安利事业失败了，哈尔再也不钓鱼了。而当时我们是需要一部房车。"而哈尔·古奇解释说："我们不能带着孩子谈生意，又不能将他们放在家里，而旅馆又太贵了。"

哈尔回忆说："有时候只能去海滩垂钓，那里只能钓些比目鱼过过瘾。做出卖船的决定不容易，但是很值得。今天，苏珊、克里斯和我拥有一艘60英尺长的卡罗来纳巡洋舰，名叫'钻石女郎'，全家经常乘着它去钓500磅的金枪鱼。我们因为建立了大的梦想，并且努力付出，所以才得以实现梦想。"

和古奇一家一样，拉里和帕姆·温特住在北卡罗来纳的罗利。最初他们几乎身无分文，拉里负责洗车，帕姆管收钱。他们午餐休息时，总是坐在长凳上，看着洗车的全过程，一边吃鸡蛋沙拉三明治，一边琢磨他们什么时候搬离罗利附近那所月租225元的破房子，什么时候能付清账单，实现财务独立。

7年后的那个圣诞节，帕姆·温特站在罗利高档居民区新家的厨房里，8岁的女儿塔拉和4岁的儿子斯蒂芬正帮着妈妈分切刚出炉的果仁巧克力饼。拉里一手抱着2岁的儿子里基，一手拿着一捆冬天的衣服，走了进来。

"过去的5年里，每逢圣诞节，我和帕姆都会把手套、暖袜、保暖内衣、牛仔裤、卡其布裤子、法兰绒衣和针织帽子收集起来，分送出去。帕姆会把她拿手的果仁巧克力饼装满一大篮子，加上很多糖果。孩子们帮我们抬上货车，然后和其他安利事业的伙伴一起驱车到罗利商业区和夏洛特闹市，把食品和衣物分给平安夜无家可归的人们。"拉里说。

不到 12 年的时间，帕姆和拉里·温特已经实现了财务独立。现在他们已经拥有成功的事业，实现了财务自由和时间自由，可以慷慨捐助，自由自在地做他们想做的事情。

"往事不堪回首，我们无法忍受再回到过去洗车的日子。那时我们有太多有关金钱的难题。和其他人一样，我们被那些铺天盖地的夜间电视或周日分类广告上所谓快速致富计划的广告搅得头昏脑胀。很快我们就学会了避开那些许诺你购买劣质用具而可以一夜暴富的人。请当心！这种许诺不是夸大其词就是谎话连篇，而东西却价格昂贵、难以使用，而且不能退换。"她补充说。

拉里接上了话头："当第一次听到安利事业时，我们想终于找到了赚取外快的快速、简单的方法。我们喜欢上了安利的产品和事业机会，并想像人们会争相购买我们的产品，加入我们的事业。我们添置设备、订购产品，还装修了一间小办公室，装了新的电话。我辞去了洗车的工作，讲解了很多次事业机会，然后就等着电话铃声响起。"

"从 1980 年开始起步，直到 1985 年，我们的情况比过去更糟，不但没有快速成功，甚至连电话费都付不起了。"帕姆继续说。

她接着说，"在达到财务目标之前，我们必须认真地听从前人的建议。从他们那里我们了解到，无论安利还是其他新兴的事业机会，都无法让你快速解决财务问题，根本就没有容易的办法。**在相信自己能赚更多钱之前，必须先学会量入为出。必须提前预算，支付账单，必须学会管理财务。**安利事业的伙伴帮助我们做到了这一点。"

拉里回忆说："每当感到恐惧或沮丧时，我们就去寻求安利事业伙伴的帮助。他们教给了我们 3 个令人耳目一新的法则。**第一，我们生长在一个万事皆有可能的国家；第二，只要你想获得机会你就一定能；第三，命运不会帮助懒人。**如果你慷慨施予并且努力工作，如果你能正确待人，命运就会让成功降临到你的身上。无论你是黑人还是白人，是胖还是瘦，富有还是贫穷，美还是丑，这些都没有任何关系。只要你去做，甘于奉献，只要你做好事，幸运自然会降临。"

"正因为如此，我们放弃了依靠他人来摆脱财务困境的念头，我们要靠努力工作来拯救自己。1988年,我们还清了所有的债务。一年后买了新车,还搬进了罗利周边最好的住宅区。1990年,我们实现了财务独立和时间自由,这时,我们可以做想做的任何事情。"他说道。

帕姆说:"一旦学会了帮助自己,就有能力去教别人如何自力更生。我们的朋友一再告诫我们,如果想真正帮助别人,就不能只给他们钱,更多的应该帮助他们学会自立。过去这些年,我们已经帮助了成百上千个忙于'洗车'的人找到了实现财务独立的方法。"

她提醒我们:"还有很多人在那里徘徊,需要帮助。有钱以后去帮助那些还没有自立的人,是多么让人惬意的事情啊!"

1991年的平安夜,帕姆、拉里和他们的三个孩子,驾车驶往罗利市区。他们经过了五彩缤纷、灯火通明、装饰着冬青花环和圣诞树的邻居家门,穿过了携着金银花纸包装的礼物赶路回家的购物人群。当驶入被高楼大厦遮蔽了阳光而阴暗潮冷的街角时,拉里放慢了车速。

帕姆回忆道:"先是孩子们发现了一群身体佝偻、衣衫褴褛的人正围在一只闪烁着火苗的铁桶旁,他们把冻得僵硬的手伸到火苗上取暖。"

"手套!"小塔拉激动地喊。

"手套。"拉里一边附和,一边踩住刹车,转到车厢后面,把一大包从剩余军需用品供应站买来的皮革手套翻出来。

"别忘了巧克力饼!"斯蒂芬喊道,也爬过来帮忙。

"巧克力饼。"拉里一边重复,一边拎出食品袋,分发给那些人当晚餐。

几个小时过去了,拉里一家在罗利湿滑的街道上跑来跑去,走走停停,把圣诞礼物分发给那些需要的人们。后来,他们看见一位非洲裔的美国妇女带着两个孩子,躲在一家华人洗衣店的蒸汽炉旁,缩作一团。

帕姆还记得:"我们惊讶地望着可怜的妇人和她的孩子好一会儿,那么冷的天气,他们唯有紧紧靠在一起,互相取暖。我不知道,如果换成我,在寒冷的平安夜,没有任何东西能给孩子们取暖,会怎么样?我不禁对发生在世界上最富有国家的这一幕愤怒不已。然后,我们的小女儿又和爸爸小声地说话。"

"手套!"塔拉迫不及待地说。

"手套。"拉里重复着,和女儿一起到后备厢抱出一大堆食物和衣服,来到冷冰冰的铁炉前。那名妇女盯着我们,当包裹打开,她梦中惊醒一般地赶快给孩子们穿衣喂食。拉里拉着女儿,回到车里。

"谢谢!"妇人平静地说。沉寂了好一阵,女儿回答:"别客气。"妇人笑了,从她那疲惫润湿的眼里,拉里似乎看到了太阳映射出的最后一道余辉。而那一刻,欢乐与悲哀的神情,也同时浮现在孩子们的脸上。

# 第二篇
准备出发

PEOPLE HELPING PEOPLE
HELP THEMSELVES

第5章

为什么要工作

信条5

只有能带给我们自由、回报、肯定和希望的工作，才值得倾力而为。

所以，如果工作不能带来满足感（包括经济、精神和心理方面），我们就应该尽早结束它，去开辟新的事业。

汉福德核能研究中心上空阴云密布，一场暴风雨即将来临。

罗恩·普伊尔正驾着漫步者货车驶向岗亭。一道闪电划过清晨的天空，远处随即传来一阵雷声。一名警卫检查了罗恩的证件，然后挥手放行。

"我是一名会计师，在华盛顿三区工作，当时已经是中层管理者。我一直坚信，只要受过良好的教育，有一份不错的工作并且兢兢业业，成功和安全保障都会水到渠成。每天早上，当驾车驶进巨型核能研究中心的停车位时，我都相信自己已为事业付出代价，并且实现了我的美国梦。"罗恩回忆说。

这是周五的早晨，罗恩走进宽敞的办公室。和往常相互友好的问候不同，今天，同事们脸上都带着震惊，言语中夹杂着愤怒。他们三五成群，低头耳语，仿佛总统去世或者战争即将爆发。

"我清楚地记得，刚在办公桌前坐下来，我就发现人事部门的一封信，给我的。顿时，我的心中涌出一阵恐惧。而桌子上漂亮的妻子乔治娅·李和两个孩子吉姆、布赖恩的照片，却在冲我微笑着。"

就在那天早晨，罗恩·普伊尔和他的2100名同事被告知，虽然他们的工作对雇主们"有价值"，但公司已经不再需要他们的服务，因为私营的核能公司已经失去了与政府的合同。罗恩·普伊尔从来就没有想过会有这一天。因为核能是未来的发展潮流，他不止一次地暗自庆幸能够找到一份如此稳定的工作。

罗恩伤心地回忆道："突然间，不得不面对残酷的现实，多年的辛苦工作，换来的竟然是一纸解聘通知，一切都结束了。我卖力工作，业绩突出，对公司忠诚耿耿。为了工作，我无私奉献过数百个小时，甚至将工作带回家以免误事。不过这些努力都付之东流……"

那天下班，罗恩拿着解聘通知书，伤感地和老朋友、老同事们道别。他最后一次穿过走廊，带着坏消息去面对家人。

现在，罗恩手中的那张粉红色的解聘通知书已经有25年的历史。我写这本书时，美国国家邮政局正宣布裁员3万人，通用电气也将解聘通知发给了4.5万名员工，美国的失业率已经接近8%，此外，还有14%的人口生活在贫困线以下。

本月会有更多的美国人申请失业救济，所以此时建议人们遵从"信条5"似乎有些令人费解，"我们相信，只有能带给我们自由、回报、肯定和希望的工作，才值得倾力而为"。当你失业时，谁会关心工作的好坏？任何工作都会让人感到满意！

如此困难的时期，以这样的信条作为准则似乎是幼稚可笑的。如果有一份稳定的工作，每月能够付得起账单，谁会在意工作是否"令人满意（经济、精神以及心理方面）"？大批的工人失业，大量的岗位消失，谁有勇气去"立刻结束它，去开辟新的事业"？你可能说，我有一份工作，没有比这更重要的了。

但问题在于：做缺乏满足感的工作，长期所受的煎熬怎么能用今天的一点儿工资抵偿呢？如果工作使你不开心，你也只不过是这个国家里众多不开心的员工中的一位。据《工业周刊》的调查，63%的被调查者声称他们不能从工作中获得满足感。1989年，据《美国人口统计》报告，工作的整体满意度再次下降5%，只有41%的被调查白领声称"对自己的工作相当满意"。同年，斯蒂尔凯斯公司发布办公室环境指数，其中密执安州满意度最低的群体包括"工会工人、秘书和牧师、年轻员工以及低收入者"。

很多人都认为自己只能从事自身家庭或者所在社会阶层所期望的工作。人们应该从这种工作理念中解放出来，努力去从事最富于创造性的工作，充分发挥自己的潜能和才智，并且将它们转化为实际价值。

我们认同有意义的工作，它提供给人们的不仅仅是一日三餐或者居有定所，而且还能改善我们的生活，使我们获得尊严。

正如俄罗斯作家马克西姆·高尔基所说："当工作成为一种乐趣，生活就会充满阳光！当工作成为一种责任，生活就是苦役。"有意义的工作使我们感觉良好，而无意义的苦工距离失业的痛苦仅有一步之遥。

回想罗恩·普伊尔失业的最初几个月，痛苦如同噩梦般纠缠着他，发出的无数封简历却石沉大海。没有工作，无论有意义与否，都可能让一个男人或女人失去高贵的自我价值感。失去了自我价值感，就没有了直面困难和解决困难的勇气。无意义的工作以其特有的方式，使人们为之付出痛苦的代价。最终，罗恩找到了另一份会计工作，在一家公共机构担任出纳兼办公室主任。不过这份工作很不合他的心意，双倍的工作量，超长的工作时间，却只有原来薪水的70%。罗恩每周除了工作44小时外，还必须在晚上、周末甚至假期拿出20至30小时管理"在线所需"。

乔治娅·李回忆说："罗恩十分讨厌这份单调的工作，但是为了避免家庭陷入困境，他又不得不接受这样的低薪超时工作。在罗恩长期失业期间和新工作的第一年，我们债台高筑，信用卡已经到了透支的极限。每月付过账单后，几乎就剩不下什么钱买食品了。我们花钱并非毫无节制，但无论如何算计，罗恩的薪水只够支付账单。尽管我愿意在家里带孩子，但是出去谋份工作已经迫在眉睫。"

"结婚时我曾向乔治娅·李许诺,我们的孩子回到家时,家里不会空无一人。为了让孩子们回家时就看到母亲,我愿意付出任何代价。我甚至保证乔治娅永远都不需要工作,除非孩子们长大成人后她想出去工作。"罗恩伤心地解释说。

"拿到那张解聘通知后,存款很快就花完了。乔治娅·李决定去做餐馆服务员,这个决定让我的心都碎了。"罗恩继续说。

乔治娅·李承认:"我们的新工作就是为了养家糊口。但是总的看来,我们的付出远远多于收获。我们都不喜欢自己的工作。我们很难碰面,也不得不把孩子们留在家里,大多数时间都疲惫不堪。这让我们变得愈发暴躁,生活的压力导致了身体每况愈下。罗恩要大把大把地吃胃痛药,我也是阿司匹林不离手。即使我们都可以不在乎工作的劳累,但是日复一日地做着自己并不喜欢的卑微工作确实让人恼火。"

和他们有着相同处境的人在美国相当普遍。据1991年的调查,美国25—49岁年龄段的人群中,有高达64%的人表示"十分向往能够辞去工作到荒岛生活、环游世界或者从事一些有乐趣的事情"。

工作是生存的基础,罗恩和乔治娅·李感谢老板,不过他们十分讨厌新工作,渴望能从事有意义的工作,做自己喜欢做的事情。不知道你是否有这种感受?或许你现在应该扪心自问:"我喜欢自己的工作吗?什么样的工作更有意义?"

1981年的一项研究表明,43%的被调查者认为,"高收入"是判断一项工作是否有价值的重要标准之一。到了1992年,这一比例已经上升到62%。然而,金钱真的可以决定工作是否有意义吗?

密执安大学请数千名员工列出自己心目中有意义工作的最重要元素。现将他们所选择的8个元素按重要性排序如下:

1. 有趣;
2. 完成工作所必需的足够协助以及相应的设备;
3. 完成工作所必需的足够的资讯;
4. 完成工作所必需的足够威权;
5. 优厚的薪酬;

6. 发展特殊技能的机会；

7. 工作的安全保障；

8. 必须能够见到工作的成果。

你希望自己的工作变得更有意义吗？

当我们用热情和责任全身心地投入到有意义的工作时，除了金钱之外，还会有各种附加的回报。弗洛伊德曾说，从事有意义活动的强烈愿望会使我们有一种现实感。他认为，我们都和这个世界发生联系，不同之处在于有些人将有意义的工作作为实现自我价值的途径。从事有意义工作的强烈愿望源自人类的本能。事实上，弗洛伊德的追随者在进一步深入研究后，认为：对于有意义工作的强烈渴求，正是人类区别于动物的本质所在。

心理学家们认为，工作有助于我们满足自身对食物、居所等物质资源的需求。不过他们同时指出，有意义的工作能够帮助我们树立自尊。成功人士将会产生自我控制的感受，以克服他们的恐惧和疑惑，控制身边的环境，期望独立和自由。

有意义的工作能够给予我们改造世界的机遇，能够让我们为国家创造财富和福利，能够为自己和儿女赢得更好的生活条件。

有意义的工作还能为人们提供成长和开阔视野的机会：旅行，接触艺术和音乐，结识有趣的人物，增长见闻。

社会学家认为有意义的工作是对社会需要的响应。我们赖以获取商品和服务的工具源于劳动者。也就是说，我们的工作是为他人提供有价值的东西。从这种意义上说，成功人士并不是利用大众的投机主义者，其成功在于能够利用价值。他们的远见绝非囿于自身的需要，还包括在这一过程中保持着良好的自我感受。

企业家们表示，他们对有意义的工作有兴趣，是因为对某些嗜好或者其他追求情有独钟。当我们发现这个世界的缺憾时，这些缺憾就鞭策着我们有所作为。我们逐渐考虑通过一做些事情来弥补这些缺憾。现代企业家经常发现有意义的工作，他们采取行动的目的在于发现或者改善这个世界。他们拥有选择的自由，力争用雄心和努力工作来创造机会。

罗恩和乔治娅·李在经济最为困难的时刻发现,他们所拥有的企业家精神给他们带来了转机。

罗恩咧嘴笑着说:"当时,一些已经5年没有见面的老朋友突然和我们联系,他们希望向我们展示一个商业机会。我想这验证了那句老话:充分的准备和机遇的结合会造就成功的人生。"

乔治娅·李补充说:"如果他们在其他时间联系我们,我们可能没有心思去听。不过我们当时正有这个需要,而他们恰巧联系了我们。"

"当时,我非常渴望让妻子回家,毕竟我违背了当初的誓言。看过事业机会的介绍后,我详细了解了有关收益的方案,于是决心尝试一下。只要能让乔治娅离开餐馆,再次回到孩子们的身边,无论多大的牺牲都是值得的。"罗恩坦言了自己的心迹。

"我讨厌卖肥皂的生意,也讨厌讲事业机会,"乔治娅笑着说,"我的心思不在此。一天8个小时的侍者工作让我深感疲惫,难以承受。同时,我还承担着妻子、母亲的角色,教育子女、烧饭,还要打扫卫生,自己经常会感觉濒临崩溃。我觉得自己不能再胜任其他工作,有时甚至想,罗恩肯定也不会坚持太长时间,过不了多久就会失去兴趣。"

然而,这次事业机会讲解活动激发了罗恩的创业精神,他意识到这个事业机会或许能让妻子永远离开餐厅而回到家中。他计划在不放弃现有工作的同时,每周都抽出一两个晚上来做安利。为此,他给自己设定了一个切实可行的目标,只要每月能够多挣400元,那么自己的努力就是值得的。

罗恩回忆道:"在我实现初定的目标后,就让乔治娅辞去侍者的工作,加入到我的事业中来。"

乔治娅补充说:"当时我吓得要命,说句小心眼的话,在餐馆能得到满口袋的小费,还真有些让我欲罢不能。不过罗恩的口才很棒,很有说服力。随后我发现,我们一起工作后,罗恩每月的收入能增加1000元,然后是2000元。而我也听从了他的建议,去开发一些零售客户。"

"就这样,我们实现了自己的第一个目标。紧接着,需要解决生活中的第二个难题:还清信用卡欠款和分期付款。于是乔治娅和我一起制定了第二个目标：还清所有的账单和债务。这个目标实现后，我们就开始考虑搞一次家庭出游。尔后，我们的账户有了盈余，当然这不是一朝一夕的事情。虽然每次都只是前进一小步，不过一切都按照我们的计划进行，种种迹象表明，我们小小的事业在不断壮大。"罗恩回忆道。

乔治娅说："后来，我们买了一辆卡迪拉克，驾车上班使罗恩在那家公共机构的工作走到了尽头。尽管罗恩工作十分出色，但他的老板仍然要他在新生意和工作之间做出选择。"

"我选择了自由。辞掉工作意味着放弃稳定的收入，但是我愿意。心怀忐忑之中，我们为了梦想放弃了稳定的工作。"罗恩脱口而出。

有意义的工作为何使人产生如此强烈的满足感，以至于人们甘愿承担巨大的风险？愤世嫉俗的人也许会说，这不过是出于对金钱的迷恋，对物质财富的贪欲。然而他们错了，有意义的工作之所以令人产生如此强烈的满足感，是因为它是植根于人类的基本需求。记住罗恩所说的：**选择自由**。他把妻子从不喜欢的工作中解脱出来，把家庭从负债累累的窘境中解救出来。他们共同改善了家庭经济条件，使之有余暇举家外出旅行，有余钱以备将来的不时之需。

有意义的工作带来自由

真正的自由，包括三层含义：机会、工作能力以及享受劳动成果。

自由为我们提供实现梦想的工具。虽然这并不能保证我们取得成功，但是我们所做的努力绝对不会一无所获。

自由是"持续创造力的源泉"，简而言之，当真正享有自由时，我们付出汗水，就能够期待梦想的实现。罗恩和乔治娅?李曾经有过梦想，在寻梦的过程中发现了个人的自由。

罗恩回忆说："当从事安利事业的收入超过我工资收入的两倍时，我们才意识到自己所开展的事业具有无限的潜能。我还知道，乔治娅和我对待这个'小生意'，就同以前对待工作一样一丝不苟：全力以赴地投入梦想，投入时间，投入精力。"

乔治娅·李说："我们把安利事业当作人生中的大事，每周都会利用四五个晚上来研究、经营，这一下来就是两年半的时间。我们的收入激增，令人非常震撼。以前从没有想到它会有如此美好的前景，在分享产品和事业机会的同时，还有如此丰厚的回报，这让我们相当自豪。"

原本只是为了赚取一点微薄的收入，却因此而释放出我们的企业家精神，这多么令人惊讶啊！当然，我这里并不是要鼓动任何人盲目地加入我们的事业，但人们需要以自身的企业家精神为指引，走适合自己的道路。

如果你投入时间、精力，为了自己的梦想努力地工作，你将得到什么回报呢？

有意义的工作带来回报

20世纪20年代，美国著名律师克拉伦斯·达罗帮助一名妇女解决了一些法律问题。这位妇女问道："如何才能表达我的感激之情呢，达罗先生？"达罗回答说："自从腓尼基人发明金钱后，这个问题就只有一个答案。"

人们在什么情况下努力工作？得到回报的时候。在什么情况下工作懒散？没有回报的时候。

这很简单。工作除了要有意义之外，有回报就是其存在的基础。**劳有所得，人们就将继续工作；劳而无获，生产就会停顿，而最有效的回报方式就是金钱。**

个人有经济需求，家庭也有经济上的需求。根据经验，每个家庭都会有流水般的账单：税款、抵押、汽车月供、天然气费、电费、保险费、装修费、学费乃至旅行支出、看电影，等等。

"爸爸，什么是理财天才？"儿子问。父亲带着几分厌烦地回答："我的儿子，理财天才就是他挣钱的速度超过家庭支出的速度。"

上述经济方面的需求始终存在，它们不是奖励、许诺或者颂扬所能应付得了的，需要真金白银才能搞定。

当然你也完全可以做一个理想主义者，为了其他一些原因而工作，比如个人提升之类。但扪心自问：我们工作的主要理由是什么？当然应当是金钱。

人们为了回报而工作。如果报酬的分配不公平，报酬少、发放不及时甚至没有，还能继续保持工作热情吗？没有适当的回报，人们会滋生不满情绪。最终放下工作一走了之，其后果将不言而喻。

天道酬勤。只要努力工作，就可以享受相应的劳动成果，而回报往往与付出成正比。

不过如果你努力工作，而周围的人却说："不要这么卖力！"这显然是制度出了纰漏。你工作出色，别人反而会迁怒于你，因为你使他们显得平庸。在这种情况下，努力工作没有得到相应的回报，那么如此努力又有什么必要呢？这种状态只会导致共同贫穷。

玛丽亚·桑多瓦尔和她的丈夫埃里塞奥居住在墨西哥萨尔蒂约的一个小山村。他们婚后的前7年生活比较窘迫。埃里塞奥在一家大型的国有工厂工作，挣着微薄的薪水，而玛丽亚则负责照看家里，生活捉襟见肘。他们生活的地方经济萧条，政策管制颇多，没有什么工作机会能让他跳出祖祖辈辈贫困的魔咒。当得知安利的事业后，玛丽亚和埃里塞奥热烈地响应。

"我们是桑多瓦尔夫妇，"玛丽亚面对着挤满了墨西哥营销伙伴的大厅，轻声地说。埃里塞奥咧嘴笑着，此时他的妻子正在讲述成为安利在墨西哥首批营销伙伴的经过。他们是在大约18个月之前加入的，在短短的时间内，他们不分早晚地努力着，与同村的居民甚至半山腰土坯茅草房里的农民建立了商业关系。

玛丽亚和埃里塞奥简短、感人的发言结束后，在座的400名墨西哥营销伙伴情绪激动。玛丽亚更是热泪盈眶，她紧紧地握着埃里塞奥的手，穿过平台向我走来。

"狄维士先生，"玛丽亚抓住我的手激动地说，她的英语显然反复练习过，但让我永生难忘："这是我第一件新衣服，今天新买的。"

当时，玛丽亚穿着简朴的棉布衣服，脚下是凉鞋。我笑着点了点头，"非常漂亮！"我边说边和她握手，然后问候她的丈夫。玛丽亚一脸茫然，显然，她看出了我没有听明白她的意思。她转向我的翻译，认真地说了几句西班牙语，然后和埃里塞奥一起望着我。

"她想让您知道这是她有生以来买的第一件新衣服，她想表达对您的谢意。"翻译激动地说。看着玛丽亚和埃里塞奥握着手朝我笑着，我终于明白了。

桑多瓦尔夫妇的祖辈和千千万万同胞一样忍受着贫穷的折磨，我们的事业改变了他们生活的境遇。最终桑多瓦尔夫妇的劳动赢得了回报，玛丽亚平生第一次有足够的钱为自己添置漂亮的衣服。现在，她身着鲜黄色的衣服站在我面前。她已经成了一个生动的符号，记录着她的梦想和所赢得的回报。此时再准确的言语都无法表达我的心情，我只是伸出双臂将他们紧紧抱在怀里。

有意义的工作能赢得他人肯定

赢得肯定与付出汗水、获取回报是密切相关的。所有的人都需要得到他人的肯定，心理学家称之为"积极心态的催化剂"。玛丽亚·桑多瓦尔鼓起的钱包，使她倍感自豪、独立和自强，也更加积极。而400多位伙伴为她欢呼的力量，同样不可小觑。

看到她因得到他人的肯定而热泪盈眶，看到她接受我们祝福时脸上的灿烂微笑，我更加坚信：回报和肯定是硬币的两面，失去任何一面都是不完美的。

罗恩·普伊尔解释说："安利取得成功的关键，在于人们能从中感受自身的美好。我们相互支持，并为每个人的成功而欢呼。"他笑着补充道，"我们的欢呼不虚伪，更不做作，因为我们知道每个人都是何等地努力。留在家里看电视非常轻松，但我们更清楚保持进取心态的重要性，我们每天都工作到很晚，尤其是在生意起步时，付出了大量的时间和精力。当看到别人收获时，我们不惜拍疼手，喊破喉咙，也要为他们的成功喝彩，因为只有这样才是公平的。"

经济上的回报或许只是工作的部分原因，如果得不到他人的肯定，即便能够赚取再多的钱，也不能保证我们会继续愉快地工作。毕竟，所有的人都需要得到别人的积极肯定。

我坚信，肯定他人的成就是一股强大的动力。在今天，人们更是期待他人关注自己的工作，渴望得到褒扬，因为积极的肯定能够建立自尊和自信。获取他人的肯定是人类的天性，如果人们不能取得他人的肯定，则很难有所建树。

我们在表达自己的认同和肯定时，经常会说，"你对我很重要，你所做的很重要。"没有认同，人们将失去对于成功的兴趣，失去自身的个性而流于平庸。

有一次，我在马来西亚的一次会议上遇到一位政府部长，告诉他几周之后我们将组织400名马来西亚的事业伙伴，去美国免费参观迪斯尼乐园。"你们为什么要这么做？"他问。"因为我们肯定他们的工作成绩，这是我们的发展模式。"我回答。他盯着我看了一会儿，神情显得很迷惑。后来他终于点点头说："看来，我们还有很多东西要学。"

是雇主或是雇员，这并不重要。重要的是，我们要帮助别人成为成功者。也许一张表达谢意的卡片或者一次通话，就会产生意想不到的效果。关注别人所取得的成功，激励他们，为他们的胜利喝彩。作为回报，他们也将给予你所需要的回报和肯定。

有意义的工作催生希望

没有自由、没有回报、没有肯定，加在一起是什么呢？

为了一个不可能实现的梦想，我们能够坚持多久？

不能实现梦想意味着希望的毁灭。不过，只要有希望，任何事情都可能发生。

没有任何一种良药比希望更有效，因为它能产生强大的激励和动力。事业的成功和希望是密不可分的：改善生活品质的希望，获得升迁的希望，拓展业务的希望，都是我们事业成功的精髓。

人们必须对明天抱有希望，否则容易做些没有效率的工作。如果你对未来抱有希望，那么克服今天的困难就容易了许多。如果面对动荡的现状，你觉得毫无希望，那你的内心深处想必就是绝望。

正如哲学家普林尼所说："希望是世界的支柱，是人类的梦想。"我们的未来、世界的未来都依托于我们心目中的希望。无论长幼，即使是在失望的边缘，希望之门仍然公平地向所有人敞开。

在欧洲、亚洲、北美洲和南美洲，在酒店的大厅、大型的会议中心以及体育场，人们欢呼着，为充满希望的好消息而欢呼。我们渴望自由、回报、肯定，更渴求希望。这些是有意义的工作存在的基石，它们使我们的事业更为牢固。

此刻，或许你还没有找到自己的成功之路，或许你的付出还没有得到应有的回报，兢兢业业的工作和创造并没有得到别人的肯定。如果你看不到未来的希望，那么请以罗恩和乔治娅·李为榜样吧！

在俄勒冈州波特兰举行的一次大型会议结束后，乔治娅？李注意到一对年轻夫妇还站在空空的讲台旁边。此时会场一片安静，参加会议的14000多人已经散去了。

"有什么需要帮助的吗？"乔治娅·李问站在眼前的两位年轻人。

两位陌生人依旧站在那里，拉着手，眼中闪着泪花。乔治娅·李没有犹豫，握住他们的手，轻声地说，"没关系，我理解你们此刻的心情。"

又是一阵沉默，小伙子首先开口。他和多数人的故事一样，同样经历了梦想的破碎和内心丛生的恐惧。他完成了花销不菲的大学教育，受雇于一家大型工程企业，购置了房产、组建了家庭，然而在某个相同的下午，他在邮箱里收到了一张粉红色的纸条——解聘通知书。

年轻人突然间有些控制不住失望和愤怒的情绪，她的妻子伸出手来安慰他。罗恩·普伊尔注意到眼前的一切，也走了过来。

年轻人低声说:"我应该何去何从?我们如何从头再来?"

罗恩面带微笑地看着乔治娅·李,他们的眼睛也湿润了,不过那是快乐和感激的眼泪。罗恩把手臂搭在年轻人的肩膀上,轻声而又自信地再次叙说起自己的故事。

第6章
为什么要仁爱

信条6

怀有仁爱之心是真正实现商业成功的奥秘。

所以，我们每天都要扪心自问："我如何以一颗仁爱之心，对待同事、主管、雇主、员工、供应商、顾客甚至竞争对手？这样做将产生什么样的效果？"

63岁的伊莎贝尔·埃斯卡米拉住在墨西哥北部山区。日出时分，她穿上自己缝制的黄棉裙子，趿着废车胎做的凉鞋，拽上沉重的木门，走上两英里路，进城去购买下周的必需品。

她家几代人和朋友都在这里的瓷砖厂干活，每天搅拌赤红的粘土，成型、漆彩、上釉、烧窑。

瓷砖厂的老板住在墨西哥城。伊莎贝尔听说他们一家都住在摩天大厦的顶层。想着要乘电梯到50多层的高楼才能上床睡觉，她就觉得好笑。多少年来，她只见过这个大人物一眼。当时一辆加长的黑色豪华轿车疾驶而过，卷起了一阵灰尘。

伊莎贝尔一家都以能在厂里做瓷砖上釉的工作而自豪。尤其在许多人因旱灾而失业的这些年，他们更庆幸自己能拥有这样一份工作。尽管如此，伊莎贝尔还是经常梦想全家，尤其是可爱的孙辈们，有一天能过上更好的生活。为此，她常常彻夜难眠，在稻草席上辗转反侧，担心他们会像自己一样，一辈子都只能沿着那条满是灰尘的小路，到山下的瓷砖厂辛勤劳作。

她并非没有感恩之心，但瓷砖厂的薪水实在太低了，只能供孩子们读到小学六年级。如果他们辍学到瓷砖厂工作，找烧窑用的灌木树枝，或者挖掘、运输粘土，长大以后就不可避免地要像父辈们一样，在山脚下这个工厂里消耗自己的生命。

社会经济的进步已经惠及伊莎贝尔所在的村庄，不过她们一家还没有从中尝到甜头。

什么是仁爱？

什么是仁爱？它是否只和阿尔伯特·史怀哲或者特蕾莎修女有关？仁爱是否会阻碍商业发展，带来麻烦？追求效益和仁爱是否背道而驰？

事实上，仁爱和社会进步并不冲突，相反，它符合每一个人的利益。

"仁爱（compassionate）"的字面意思是"深深同情他人的不幸或伤痛，并渴望帮助其减轻痛苦、消除痛因"，其反义词是无情或冷漠。从含义中中你可以体会到，仁爱包括情感和行动两个层面。

我所喜爱的系列漫画《花生》中，有个故事给我留下了特别深的印象。一个暴风雪之夜，小狗史努比躺在屋顶上，几乎被天上飘下的大雪盖住。露西透过窗户，看到它冻得缩成一团，又饥又渴，不禁为它感到难过，"圣诞快乐！史努比，衷心祝福你！"她在暴风雪里大声喊着，然后回到熊熊燃烧的炉火旁，呷着热乎乎的巧克力对莱纳斯说："可怜的史努比！"

莱纳斯透过同一扇窗户看到史努比的景况，非常可怜它。于是，他穿上衣服，戴上手套，带着热腾腾的火鸡和衣物去帮助史努比。

露西和莱纳斯都有仁爱的情感，然而只有莱纳斯有仁爱的行动。正是他的行动使得史努比还能在他身边欢快地跳来跳去。

仁爱的行动必须以仁爱的感情去激发，才能产生真正的效果。如果莱纳斯将盘子里的食物扔到雪地里，冲着史努比大喊，"该死的狗，你就不能自己找吃的吗？真讨厌！懒得喂你。"这样的"仁慈行为"会产生什么效果呢？

假若史努比受到如此冷酷无情的对待后不为所动，依旧绝望地躺在雪地里，或许不会令人感到惊讶。其实，如果有人帮助你，却不是发自内心，你会作何感想？

因为责任感去做某些事情并没有什么不妥的，但是它不同于仁爱。真正的仁爱贯穿于我们的一生。它意味对某人或某事深表遗憾，热情地帮助他人解除痛苦或者减轻伤害。仁爱是感情和行动的综合体。

现在我想问个苛刻的问题：为什么世界上有那么多露西，当看到别人的痛苦时会产生同情之心，却不会施以援手，而只有少数的莱纳斯，看到别人的需要后积极、勇敢地帮助他们？为什么有人关心别人的疾苦，采取了仁爱的行动，有人却冷酷无情？

你是否曾经制订了计划而没有坚持下去？你是否曾经为他人的不幸感到难过，却没有付诸行动去实施帮助？希望在我们温暖房间外的史努比远离痛苦很容易，而冲进暴风雪送去食物和舒适则要困难得多。

仁爱是开拓自己事业和振兴世界经济的基础。经济的持续发展，需要我们学会关爱自己的地球家园和在这颗星球上生活的人们，虽然他们还不曾被关爱过。

自由和关爱是不可分的。威廉·赫兹里特说："爱自由，就是爱别人。"肖伯纳则说："自由意味着责任。"正是责任，成为许多人恐惧自由的原因，而仁爱就意味着不惜一切代价为他人和世界担负起责任。

仁爱在美国

本杰明·拉什 15 岁时就树立了自己的人生信条"为人类的福祉贡献

自己的智慧和财富"。为此,他以毕生的行动履行着自己的诺言。

在取得医学学位后,他撰写了反对烟草、烈酒和奴隶制的宣传册。1775年,又力劝托马斯·潘恩合作创作美国独立倡议书,从而推动了美国的独立运动,并在独立战争中一举成名。后来,他建立了美国首家医疗机构费城医疗站,开始研究精神疾病和精神病患者的人性化治疗。拉什还倡导种植制糖用的槭树(从而将西印地安的奴隶从蔗糖生产中解放出来),主张在全国范围内设立公立学校。在费城医治黄热病时,他甚至险些丢了性命。

而今,数百万的社会企业家正追随着本杰明·拉什的脚印,在为人类的福祉贡献自己的智慧和财富。不过,美国的慈善事业也以另一种关爱方式而扬名于世,即商业企业家的爱心奉献。没有商业企业家,社会企业家就难以支付用于慈善的账单。所以,我们应该感谢卡内基、丹福斯、福特、凯洛格和洛克菲勒所创建的基金会,以及其他成千上万知名或不知名的类似商业企业家,他们在美国乃至整个世界的慈善捐赠,已经有了200年的历史。

安德鲁·卡内基被称为仁爱主义的圣徒。马克·吐温是第一个称他为"圣徒"的人,他半开玩笑地致信给这位钢铁大王,要求为其诗集支付1.5美元的稿费作为捐赠。不知卡内基是否真的把钱寄给了马克·吐温,不过他向J.P.摩根出售钢铁公司后,就尽散家财,倾情资助那些有需要的人,却是有着公开的记录。

卡内基曾写道:"富人的责任,就是要成为一个谦虚、朴素而不炫耀、不奢靡的榜样,为那些仰赖自己的人提供适当的帮助,然后把所有盈余都当作信托基金去打理……这样,富人就相当于那些贫苦同胞的委托人和代理人。"他的话说出了仁爱企业家的心声。

为了实践自己的主张,卡内基于1901年创办了卡内基技术协会。以此为基地,他向家乡苏格兰和美国各地的研究和教育机构捐资捐物。公共图书馆是卡内基最钟爱的捐助项目,到1918年,他在全国各地的小镇和城市建立了2500多家图书馆。约翰·哈维·凯洛格博士和威尔·凯洛格兄弟俩出身贫寒。凯洛格博士是哥哥,在密执安州巴特尔克里克的一家疗养所任主治医师；威尔在后勤部门任职，兼业务经理和杂务。

作为一名完全的素食主义者，凯洛格博士开始试验种植各种谷物，研究比传统素食更吸引人的特制美味食品。而弟弟威尔则是他最富创意和活力的伙伴。他们共同开发了一系列新型食品，包括花生酱和预先烹制的谷物片。后来威尔·凯洛格又利用切片、膨化、酥脆、油炸和爆炒等方法加工大米和小麦，开发了种类齐全的系列产品。这位集管理和营销能力于一身的天才很快建立起了价值百万美元的"早餐王国"。

威尔·凯洛格的事业不断发展，在写给朋友的信中，他阐述了对仁爱的认识："我希望自己所积累的财富能够用于造福人类的事业。"于是，他在身边开展慈善活动，资助有益于工人的娱乐和社会活动。他在经济大萧条早期，就决定让生产线上的工人每天只工作6小时，并在1935年将其定为永久制度。1925年，威尔·凯洛格65岁，他创办了友爱伙伴公司，以匿名的方式捐助财物。他的首批捐助项目包括农业学校、鸟类避难所、实验农场、再造林计划、巴特尔克里克市民剧院、白天托儿所、农贸市场、童子军训练营以及数百项学生奖学金。1930年，他设立了第二个基金会，专门提供儿童福利。到今天，凯洛格的基金会已跻身于世界最富有、最慷慨的慈善组织之列，基金总额接近60亿美元。

凯洛格曾写道："一个慈善家应该为自己所爱的人做些有益的事情。我喜欢为孩子们做些事情，因为我没有童年。所以说，我是一个自私的人，而不是所谓的慈善家。"

社会企业家

历史上涌现出诸多人物，他们一旦看到别人的需要，就以勇气和仁爱之心去满足。他们追求的是为人类服务，而不是为自己获取经济利益。或许你会以为，企业家只是赚钱的机器。这有一定道理，但不完全如此。成为一名优秀的企业家，不仅是对自己创造力和潜能的挑战，而且也是对自己是否懂得如何去改善自身及周围人们生活的一种考验。

企业家代表着一种观察方式，即：看到需求，并满足这种需求。无论这种需求是肥皂（商业企业家），还是具有仁爱情怀的服务（社会企业家）。事实上，企业家精神和仁爱意识是相辅相成的，或许它们起码应该如此。

仁爱企业家把自己同时视为商业企业家和社会企业家。他在商业活动中赚取利润，但每一步都以仁爱为指导原则。尽管有些社会企业家是以商业技巧来支持事业发展的，但大多数则依靠其在时间、资金和创意上所具有的优势。纵观历史，仁爱企业家在各行各业都存在。

爱德华·詹纳是19世纪的英国医生。当时欧洲流行天花，差不多每个人都患上了这种病。有近1/3的人死于该症，逃过此劫者也在脸上落下了永久的疤痕。詹纳通过一些奶牛场的老板得知，挤奶工由于整天和奶牛打交道，会患上一种称为牛痘的疾病，而绝不会染上天花。于是，詹纳经过查证，开始研究疫苗，并无偿地供给全世界，没有任何借此营利的想法。最终，他挽救了整个欧洲的命运，英国国会为感激他，特奖赠他一笔资金。

詹纳去世前3年，另一位伟大的社会企业家诞生了。她就是弗洛伦斯·南丁格尔，一位出生于意大利的英国人、医护事业发展的先驱。她出身富裕之家，用不着为生计而工作，但她却选择了从事充满爱心的工作。

南丁格尔为当时病房里糟糕的医护条件所震惊，于是一手重建了整个医护体系。她受过良好的教育，聪明能干，打破了当时社会对妇女们的传统印象，赢得了整个英国乃至全欧洲人民的爱戴。

我们每每只记得男人们在历史上所展现出来的勇气和爱心。但"性别的樊篱"不能阻止有远见和活力的人们做出爱心举动。自1776年以来，美国曾涌现出很多富有勇气的女性社会企业家。

阿比盖尔·亚当斯是美国第二任总统约翰·亚当斯的妻子，第六任总统约翰·昆西·亚当斯的母亲。她利用自己非凡的写作才能（以及对两位总统的游说能力），推动了美国妇女权益的发展。

简·亚当斯因其在援助贫困妇女儿童方面做出的创造性贡献获得了诺贝尔奖。她在芝加哥开办了"赫尔之家"，这个庞大的机构专门帮助穷人、救助饥饿者，给无家可归的人提供住宿并教育儿童。其他领域的企业家和艺术家也纷纷投身赫尔之家，支持亚当斯的仁爱行动。

苏珊·布劳内尔·安东尼是倡导让妇女拥有投票权的改革家。她积极善辩的工作，为 1920 年第十九宪法修正案的通过铺平了道路，使妇女享有了投票权。

克拉拉·巴顿是一位人道主义者，同时是美国红十字协会的创始人，因其在国内战争中的表现而享有"战地天使"的美誉。

哈里耶特·比彻·斯托是《汤姆叔叔的小屋》的作者，她是坚定的废奴主义者。斯托通过文学创作、发表演讲和积极游说，为结束奴隶制度而奔走。亚伯拉罕·林肯总统接见她时说："您用一本书，就发动了一场伟大的战争！"即使那些备受推崇的废奴英雄们，也要感谢这位社会企业家的启蒙。

赛珍珠是《大地》的作者，她的部分小说与其在中国生活的经历有关。1938 年，她获得诺贝尔文学奖。后来，她将自己的全部财产捐献给赛珍珠基金会，使她在辞世之后，仍旧能够继续她的仁爱事业。

雷切尔·卡尔逊是著名的生物学家，她的作品关注环境污染。她在曾获美国国家图书奖的《我们周围的海洋》一书中，向同时代的人表达了对环境污染危害海洋的关注。

我在任职里根政府艾滋病管理委员会期间，曾经结识了一名 66 岁的妇女露丝·布林克尔。她来自旧金山，已经当了祖母，但感觉自己还有能力改变一些现状。1984 年，她的一位年轻的建筑师朋友染上了艾滋病，各种机会性感染迅速发展。一天下午，她发现这个朋友太虚弱了，连爬到冰箱边拿出冷冻的食物也做不到，为此她感到十分震惊。

就在那一年，露丝创立了"援手计划"。每天早起，她都会去市场买些廉价的蔬菜，然后做成食物，挨家挨户地分送到艾滋病患者的手中。她回忆说："有些人实在太瘦弱了，要爬行才能到门口来开门。"

"援手计划"从最初 7 个服务对象，很快发展到每天要分发 8000 份食物。我第一次听到露丝的事迹时，她正在向每年筹集 100 万美元的目标努力，以便为所在城市的更多艾滋病患者提供食物。

《时代》杂志在介绍露丝·布林克尔时讲述了一个故事。新年前夕，两位艾滋病患者无助地坐在狭小的公寓里，期待着自己能坚持过完最后一个新年。突然门铃响了，一位"援手计划"的志愿者站在门口，手里提着一个用彩带和气球装饰着的盒子，里面装着捐赠的香槟、比萨饼、奶酪、巧克力糖、一顶帽子和一个喇叭。两个人激动得哭了。

无论是美国还是世界其他地方，都有像沃尔特·迈尔德梅爵士、约翰·哈佛、本杰明·拉什、安德鲁·卡内基、凯洛格兄弟和露丝·布林克尔一样的人。他们以仁爱之心伸出援手，救助那些被人们遗忘的、处于困苦之中的弱者。他们的事迹让我深得教益。

然而，仁爱对于你来说，究竟意味着什么？谁是你认识的真正的仁爱企业家？他们使你的生活发生了怎样的改变？你能以他们为榜样改变自己吗？如果你突然决定开始自己热爱的工作，你会怎样行动呢？你现在如何以仁爱意识为指导，去对待自己的同事、主管、下属或者老板，如何对待你的供应商、顾客乃至你的竞争对手？你如何才能做得更好？

我希望听到你的故事，受到你的激励和启发。

现在，让我们再次回到墨西哥北部，聚焦在63岁的农妇伊莎贝尔·埃斯卡米身上。我遇到伊莎贝尔时，她由于长年累月的艰苦劳作，又身兼妻子、母亲和祖母的职责，因此背都有些驼了。她生活在贫困和无尽的绝望之中。不是因为人们没有仁爱之心，恰恰相反，多年以来，由仁爱企业家支持的援助人员多次在困厄时期来到这个与世隔绝的村子，帮助伊莎贝尔和其他村民提高了生活质量。

伊莎贝尔一家对来自荷兰的红十字会志愿者心怀感激，因为他们几乎每个夏天都到村里开诊所并提供医疗服务。她经常想起那些在1983年地震后来帮助重建家园的美国年轻人的微笑，想起乘飞机降落在村里足球场上的和平组织的志愿医生，想起为孩子们接种疫苗的联合国儿童基金会的护士，以及其他为村子捐献金钱、食品和技术的来自墨西哥城和世界各地的人们。几十年来，人们一直在帮助这里改善生活条件。

她感谢所有的人。不过当这些人的工作结束并告别下山时，她感觉自己比以前更加无助。授人以鱼不如授人以渔，伊莎贝尔是多么希望能找到一条途径，从根本上改善自己以及她所爱的人的生活。

一个春日，伊莎贝尔·埃斯卡米遇到了我们的一位营销伙伴胡安妮塔·阿沃拉德。当其他年轻妇女倾听胡安妮塔的故事时，伊莎贝尔则安静地坐在一个角落里，她从没想过自己能够从事这项事业。不过，在看过简介、听完讲解后，一种希望从她心头油然而生。

朋友和邻居都认为她很荒唐：为什么满头白发的老太太会想在墨西哥山区销售汽车增光剂？她告诉他们："一个不错的产品，这就是理由。它物美价廉，能防止划伤，使旧货车和小汽车看起来像新的一样。"邻居们只是一笑了之。但不久以后，本来破旧不堪的汽车，在伊莎贝尔的村子里真的闪亮如新，一如她充满希望的眼睛。

我见到伊莎贝尔时，她正站在墨西哥蒙特里会议中心的讲台上，下面是数百名欢呼雀跃的墨西哥事业伙伴。她哭了，并喃喃自语："我的梦想成真了。"

为什么我要以伊莎贝尔？埃斯卡米的故事作为本章的结束？因为我认为她的人生从两方面诠释了仁爱。来自红十字会、联合国儿童基金会、和平组织的志愿者，以及其他社会服务机构前来帮助村民，以他们的方式诠释着什么是仁爱。胡安妮塔·阿沃拉德同样是具有仁爱情怀的企业家，因为她为伊莎贝尔提供了一条自力更生的道路。

第7章

为什么要建立自己的事业

信条7

拥有自己的事业,是实现个人自由和家庭财务独立的最佳途径。

所以,我们应该认真考虑建立自己的事业,或者将"企业家精神"注入现有的事业和工作中。

8岁的蒂姆·福利和10岁的哥哥迈克紧紧拉着父亲的手,走向游乐场的台阶。这家游乐场位于伊利诺伊州斯科基的一块空地上。上午10点整,兴奋的孩子们都拉着父母穿过停车场,加入到一条长长的队伍,兴高采烈而又着急地等待着公园开门。

蒂姆的父亲一进入售票亭的后门,就立即打开音响系统播放录音带。顿时,小小的游乐场里响起了音乐,疯狂老鼠、旋转木马、摩天轮、过山车都有如士兵听见了起床号角,一下子有了生命。

蒂姆喜欢周末和家人泡在游乐场。他回忆道:"如果我想在繁忙的夏季和父亲在一起,我必须和他守在游乐场。父亲是个相当自立的人,和他的父亲、祖父一样具有企业家精神,并在他成长过程中自然形成了一种"你必须为自己工作"的传统。

"从周一到周五的白天，父亲推销房地产。晚上和周末，他就帮助兄弟和妹夫打理游乐场和高尔夫球场。虽然那里不是迪斯尼乐园，但它还是为我们的家庭提供了更好的生活，使我有机会和家人共同从事自己的生意。"蒂姆笑着补充说。

有其父必有其子。蒂姆8岁时就俨然是一个小小的"企业家"了。周末，他不是呆坐在娱乐场里，而是向充满渴望的孩子们出售气球、纸风车和消防队员的帽子。他和他的兄弟姐妹，没有一个是被强迫工作的。因为流淌在家族血液中的企业家精神使他们善于抓住各种机会。

12岁时，蒂姆就有了自己的饮料售货亭。他卖奶昔、冰激凌、热狗，甚至还擅长制作棉花糖。从那时起，他开始服务于游乐场，直到操作疯狂老鼠。这可是"最重要的职责"，蒂姆笑着解释说："如果我不能及时地制动，乘坐者可能会因此丧命。"

在那些成长的岁月里，蒂姆关注着父亲的工作。他回忆说："父亲是游乐场的老板，不过他愿意做出任何努力使游乐场得以顺利地运转，希望所有的顾客永远不会失望。他工作勤奋，双手经常是脏的。如果需要修理某些设备，父亲会亲自出马。如果上漆的时间非常紧张，他也会身先士卒。他的态度和敬业精神是巨大的榜样，不但对我们如此，对游乐场的年轻员工们也同样如此。"

蒂姆·福利到普度大学打橄榄球，实践着父亲"要么不做，要做就一定做好"的精神，因而成为全美知名的学生运动员。在1970年美国橄榄球选秀第三轮中，他被选入唐·舒拉任教练的迈阿密海豚队。他在迈阿密的11年间表现出色，其中包括1972年创下历史性的不败纪录，1973年捧得超级碗。那一年，处于下风的海豚队击败华盛顿红人队，夺取了橄榄球世界冠军。蒂姆·福利还在自己的第十个赛季入选美国橄榄球联盟全明星赛。他退役后，在特纳广播公司工作，成为大学橄榄球电视转播的评论员。

蒂姆告诫道："并非只有火箭专家才意识到名声是暂时的，我明白自己在65岁之后不可能再为海豚队打球。所以我在巅峰时期就开始寻找商业机会,以便让康妮和全家的未来有一定的经济保障。在迈阿密的11年间,我投资房地产,赔了一些钱;投资股市,损失又不少;投资黄金和贵金属,同样还是赔钱。最后,我只能投资健身俱乐部和手球式墙球馆,尽管有段时间生意不错,但是利率上涨了21%。此外,新会员数量增长的速度放缓,最终还是不得不结束了。"

今天,蒂姆和康妮·福利成功地经营着安利的事业,朋友遍及全美50个州和世界各地,他们的梦想正在逐一实现。

福利一家的未来在于经济上的安全,而这一切都始于伊利诺伊州斯科基的游乐场。当年少的蒂姆看到勤奋、自律而信念至上的父亲不懈追求梦想时,他的生活和价值观也随之发生了永久的改变。

在游乐场激励着蒂姆的企业家精神同样能在你身上发挥作用。你在自己的生活中感觉到这种精神的存在了吗?你认为自己是一名创业者或者潜在的创业者吗?

我们以这样或那样的方式参与了这一伟大的自由企业体系。我们需要吃喝、爱和被爱、学习、成长以及成功,企业家精神正是在这样的过程中从始至终伴随着我们。

什么是企业家?

"企业家"源自法文 Entrepreneur,意为"勇对挑战者",原指负责组织和策划音乐会的人。如今这个词指代那些能够发现某种商业需要,并为满足这些需要而尝试设立企业的人。

企业家并不专属于某个特定的人群,任何人都可以成为企业家。年龄不是障碍,组织话剧的、投递信件的、搞摇滚的或隔壁照看婴儿的年轻人,都可以成为企业家;不同年龄的成年人,包括老年人也可以成为企业家。性别也不是障碍,无论男女,在创业精神方面都具备同样的天赋,除非自我设限,否则在成为企业家方面不存在任何不可逾越的障碍。

大萧条来临时,我还是一个孩子。由于股市崩盘,父亲也失去了收入来源。当时我们花 6000 美元在密执安州大急流市建起了一座非常温馨的小房子。也许 6000 美元在现在根本不能看作是一大笔钱，但在那段艰难的日子里，父母却没有能力支付这笔巨款，他们不得不以每月 25 美元的价格将这梦寐以求的房子出租。一家人无处可去，只好搬到祖父家的阁楼上栖身。为了一家人的生计，父亲每周六都会到男装店去卖袜子和内衣。从那时起，他给我的建议就非常明确也非常简单："拥有属于你自己的企业，理查，这是让你在经济上摆脱束缚的唯一方式。"

刚刚 10 岁，我的企业家精神就觉醒了。于是，我打算开始第一次创业，因为父母需要我帮助他们一起偿债。如今，赚点外快依然是大部分人创业的最初动机。我依然记得第一次有客户掏出钱包向我支付工作报酬时，我感觉非常兴奋和骄傲，甚至感到自己很有用。尽管并没有像蒂姆·福利那样卖纸风车或气球，但我绝对相信我感受到的喜悦，与孩子们把硬币放在他手中时所感受的喜悦是一样的。

小学和初中时，我用自己除草、修剪草坪、洗车以及在加油站工作赚的钱，买了一辆自行车。我骑着这辆崭新的黑色自行车，与当地的报社取得联系并且成为一名送报员。直到现在，我依然记得每天骑着它到鲍尔特先生的干货店去取报纸的情形。载着重重的报纸骑车，对当时的我来说并不是一件容易的事情。起初，客户看到我摇摇晃晃地在路上骑车的样子都很担心，说实话，我自己也很害怕。但在一个星期六的早晨，当我与其他报童站在鲍尔特先生的办公桌前，领到那个星期总共 35 美分的报酬时，我的兴奋油然而生，骑车带来的恐惧也烟消云散了。

高中时，学校棒球队的教练注意到我是一个左撇子，因此希望我加入到球队中。尽管我非常热爱这项运动，但还是不得不拒绝。为了能够在课外时间多赚一些外快补贴家用，我根本没有时间去练习棒球。从星期一到星期五，我放学后都会到一家男装店工作；周末的时候，又到离家不远的一座大型加油站洗车。每洗一次车，老板都可以赚到 1 美元，而我拿 50 美分。我干活的速度非常快，不仅擦拭车门和车窗，还清理车门和仪表盘下面的灰尘，要知道大部分洗车工人并不会这样做。后来，客户也注意到了这个细节，有时会给我一些小费。

我工作很努力,因此赚的钱也比想像的要多。在我所认识的企业家中,几乎所有人对工作都怀有一种积极的态度。他们经常对我说:"工作就是工作",当然他们也会告诉我,对于他们而言,大部分工作都是乐趣。

工作有时候会让人感到厌烦,但并非一定如此。你可以选择沦为工作的奴隶,无休止地抱怨、憎恨;也可以今天就决定是为自己工作还是为别人工作。你完全可以成为一名企业家,将你的工作变成人生中不断成长、发现、获得报偿和奉献爱心的机会。

过去的企业家

为了更好地理解如何努力工作,理解企业家精神如何引领你走向成功,回顾一下发生在过去甚至非常久远的创业故事,是非常有益的。那些故事的主人公都是发现需要并努力去满足需要的人。他们在条件艰苦、机会渺茫的环境中所表现出来的果敢、坚韧和慷慨,总是令人感到鼓舞。

这些人虽然有的远在古代,但之所以被称作企业家,是因为从某种意义上说,他们是现代企业家精神的"源头"。他们的刻苦创新不但为世界做出了无法估量的巨大贡献,而且为后人创造出无数的机会。

那么,哪些人属于这样的"企业家"呢?

中国古代的蔡伦就是其中之一,他在公元105年发明了造纸术。在此之前,几乎所有的东西都写在竹简上,使得书变得非常笨重,区区几本就需要动用马车来搬运。

蔡伦的发明所产生的巨大价值很快被广泛认同。他也因此受到皇帝的重用,成为贵族中的一员并非常富有。可以说,这项发明为中国带来了翻天覆地的变化,书籍从此变得轻巧,崇尚学习的风气在全国迅速形成。

约1400年,一位极具创新才华的德国金匠约翰内斯·古腾堡,在美因兹城对一系列已有的发明进行了完善,使得现代印刷术成为可能。古腾堡发明了铅字活版,可精确而快速印刷各种书籍。

从蔡伦时代到古腾堡时代,创新层出不穷。但从古腾堡的发明开始,世界前进的步伐异常迅速。印刷技术的不断改进，成为造就现代社会的重要事件之一。

从某种意义上说，造纸印刷术使企业家精神成为可能，因为信息更容易传播。介绍性书籍是第一批印刷品。这些书籍的内容包罗万象，从冶金到制药，从精湛的建筑技术到良好的礼仪行为。人们通过书本学习如何去做事情，甚至学会了将别人的想法与自己的理念结合在一起，使自己成为创新者。

英国的詹姆斯·瓦特设计出了世界上第一台实用的蒸汽机，并在 1769 年获得专利。他注意到传统的蒸汽动力设备做工粗糙，就进行了一些重要的改进，加入了全新的创意，从而将自己的好奇心转变成一种有价值的工具。这是一项非常伟大的发明，如果将工业革命的发展全部归功于他也毫不为过。因为，只有在动力得到保证的情况下，各种产品或工作才能够完成。托马斯·阿尔沃·爱迪生，人类有史以来最伟大的发明家，仅仅接受过 3 个月的正规教育，并且在小时候被老师认为智力上有缺陷。但到他去世时，其拥有的专利数量已经超过 1000 项，并且非常富有。

1879 年灯泡的发明充分体现了爱迪生的企业家精神。也许你会认为发明灯泡仅仅是爱迪生脑海中灵光一闪的结果，但事实上，它是经过了长时间系统化思考的。他的发明方法是我们现在所熟知的"研发"流程的雏形。

爱迪生有 6 项发明规则。即使你不打算发明像灯泡那样可以改变世界的东西，也应该留意一下他的这些规则，因为它对我们实现梦想会很有帮助。

1. 制定目标，并坚持下去；
2. 确定为实现目标需要经历的步骤，并遵循这些步骤；
3. 详尽地记录每一步进展；
4. 与同伴一起分享成果；
5. 清楚地界定每个人的职责；
6. 记录所有结果并善于分析总结。

这种解决问题的系统化方法已经被科学家们应用了很长时间，然而，爱迪生的可贵之处在于他将该方法应用到市场中。他不仅是一位发明家，同时也是一位企业家。他对无法实现销售的发明从来都不感兴趣，而只对人们想要买什么感兴趣。因此，在进行营销工作时，他表现得异常努力。爱迪生的发明团队组建了世界上第一家产业研究实验室，这在当时的美国是独一无二的。在他的实验室成立后不久，很多其他的实验室也纷纷效仿成立，包括贝尔实验室以及通用电器。

在爱迪生获得留声机专利的前几年，美国有两个兄弟相继出生在了印第安纳州和俄亥俄州，他们后来一起从事自行车生意，并且取得了成功。但真正让人们永远记住他们名字的，却是两人的业余爱好：飞行。这两个人就是莱特兄弟。

1899年，兄弟二人在如饥似渴地读完当时关于飞行问题的资料后，决定自行研究飞行问题的解决方案。1903年，他们制造出了世界上第一架飞机。兄弟二人在建造多架滑翔机后，成为世界上经验最丰富的滑翔机飞行员，成功飞行超过1000次。

根据飞行经验，他们找出了飞行中的基本问题：控制。在对飞机的空中盘旋方式进行设计后，他们将一种自行设计的轻型发动机装配到飞机上，这使其成就永载史册。1906年，他们被授予第一项飞机专利。

亚历山大·格拉汉姆·贝尔，这位1847年出生于苏格兰的美国人，是另一位在19世纪晚期将发明和产品开发资本化、产业化的典型。1876年2月，他取得了电话的专利，并将其在费城举行的洲际博览会上亮相，这成为一时的焦点。当时，美国最大的电信公司是西部联合电报公司。贝尔拟以10万美元将其新发明转让给该公司，但遭到了拒绝。

第二年，贝尔成立了自己的公司，并且很快取得了成功，最终成为我们所熟悉的美国电话电报公司——AT&T。从1879年3月到11月，贝尔公司的股票价格从每股65美元攀升至超过1000美元。截至1892年，纽约和芝加哥之间已经实现电话连接，而到1922年贝尔去世的时候，电话已经在全国普及，它以不可想象的速度，迅速实现了从新发明到日常通讯工具的转变。

19世纪还涌现了一批对我们的日常生活产生重大影响的企业家。其中一位也许并不为人所熟悉，但他却是"轿车文化"的鼻祖——德国发明家尼古拉斯·奥托。他于1876年发明了第一台实用的汽车发动机。这种内燃发动机与电动机一样很快被各种小型工厂和店铺所采用，随后迅速应用到电动泵、缝纫机、印刷机、电锯等各种设备。如果拿今天的标准来衡量，它无论在重量还是在尺寸上都很庞大，但这依然是对蒸汽机的重大改进。

当时他有一名年轻雇员叫戈特利布·戴姆勒。戴姆勒后来与卡尔·本茨成为朋友，两人利用基于奥托设计的发动机制造汽车，并以其汽车经销商女儿的名字为汽车命名，这个女孩的名字就是梅赛德斯。

1908年，亨利·福特用奥托的内燃发动机生产出了T型车，仅仅5年后，在美国注册的汽车数量就高达125.8万辆！福特生产寻常百姓买得起的汽车，因此销售数量也屡创新高。仅仅25年后，在美国高速公路上行驶的汽车数量达到3600万辆。

汽车改变了整个国家，成为国民经济的支柱产业，并为上百万的美国人提供了创业机会。它需要大量原材料，于是人们就去生产这些材料，包括钢铁、玻璃、铝合金、橡胶、电线、油漆、装饰布料，几乎包罗万象。汽车还需要道路、桥梁以及隧道，需要技术工人维持其正常运转，需要加油站加油、保险机构提供保险，简直数不胜数。

人们在汽车里享受着移动乐趣的同时，也成就了一些全新行业的出现：汽车旅馆以及度假旅游区、路边咖啡屋、活动房屋等等，这为美国文化注入了新的因素。

如你所见，广受认可的消费品大都是最新的创造发明。可以说，企业家精神无处不在，而创造和革新的步伐在当今世界正迅速加快。

今日企业家

千万不要以为伟大的企业家时代已经结束。诚然，过去的人们不断表现出他们的企业精神；但现在的我们也迎来了能发挥自己企业家精神的伟大时代。比起他们，我们有更好的机会成为成功的企业家，更多的新理念被引入到我们的生活中，并得到完美应用。

事实上，企业家精神已在美国所有年龄段的人群中蔓延开来，其中一些最成功的企业家开始创业时还都是毛头小伙儿。千万不要认为自己资历太浅、太贫穷或经验太缺乏，而放弃好的创业理念。

有一家成功的企业，它是由两名爱吃零食的高中生本和杰瑞创立的，他们是很要好的朋友。二人起初曾考虑制作百吉饼，但由于设备过于昂贵而不得不打消念头，随后又想到制作冰淇淋，于是两人花 5 美元参加了一次冰淇淋函授培训。

他们倾囊而出，又向亲朋好友借了些钱，运用新学到的技术，在廉价租来的废弃加油站里开办了第一家商店。几年以后，本和杰瑞的冰淇淋销量超过了 2700 万美元。

你是否听说过两名加利福尼亚学生在自家车库中制造电路板的故事？他们卖掉了一辆大众汽车和一台计算器，凑齐 1300 美元的启动资金，希望卖出 100 块电路板作为事业的起步。但当两人拿着辛苦造出的电路板来到朋友的计算机商店时，朋友却对电路板并不感兴趣，而是需要 50 台组装好的计算机。那时还没有个人电脑，于是二人决定回去制造一些这种类型的机器。起初的销售非常缓慢，其中一个人变得非常灰心，但他们并没有放弃。公司最终取得成功，这就是闻名遐迩的苹果公司，其年销售额如今已超过 10 亿美元。而这两名学生，就是史蒂夫·乔布斯和史蒂夫·沃兹尼亚克。

听完这些故事，你是否会望而却步？销售额达到 10 亿美元？如果是我做，成功的几率能有多少？

千万不要灰心丧气。请记住，只要你百分百地去努力，你就完全可以在从来没有想过的道路上取得成功！同时，你也无须认为只有建立 10 亿美元的公司才算成功，成千上万小企业的创业者也是相当成功的。

在这些小企业中，有一家的创业方式非同寻常：几个孩子成功地将粪便变成黄金。

这些孩子注意到人们的草坪和花园需要肥料，但买这些肥料并不便利，于是人们通常选择了放弃。根据这个简单却异常重要的发现，几个孩子想到：为什么不将肥料装起来卖给需要它们的人？

他们通过向父母请教，掌握了将牛粪做成肥料的方法，随后又与当地的奶农取得了联系。奶农非常高兴孩子们来清理牛圈，并愿意以这种"天然"的肥料作为交换。于是，孩子们将收集到的粪便运回家中，进行加工、包装，并销售给附近的居民。

经过一段时间的努力，他们的生意火爆起来，粪便变成了"黄金"。他们集资成立了一家公司，后来又投资房地产，并且最终获得了丰厚的回报。

一名叫做罗杰·克纳的年轻人曾经去当地的一家花店，询问老板是否可以免费在那里工作，同时学习如何经营，当时他只有12岁。老板同意了，于是罗杰在周六和每天放学后都来花店工作。两年后，他要求得到少许工资，但遭到拒绝，因为老板认为他做得并不出色。罗杰便去了另一家花店，但很快也被解雇了。

这次他决定为自己工作，15岁的罗杰投资65美元开起了自己的花店，为了存放鲜花，他还特意到旧货市场买了一台旧冰箱。上乘的质量和服务让他声名大振，他的生意在很短的时间内就取得了巨大成功。于是他将自己当初免费工作的花店买下并粉刷一新，后来又把他工作过的第二家花店也买了下来！

一位叫保罗·霍肯的成功企业家曾经说过：好的想法最初看起来并不是很好，甚至被搁置一旁。为此，他建议**年轻的创业者千万不要为自己的经营理念听起来奇怪、疯狂或晦涩而感到焦虑。**

上面提到的几位年轻企业家的故事都表明，企业家精神中重要的就是想像力。企业无论大小，通常不会因为缺乏资金而受到限制，但一定会受到创造力的限制。

本和杰瑞等年轻企业家的公司并没有受到资金短缺的局限，其成功的很大原因在于他们的谦逊和淳朴。他们最大的资本就是诚实和谦虚，这让人们能够信任他们。虽然他们都是普通人，但其想法却有着明显的优点。你是否经常自问：我为什么没有类似的想法？其实，只要用心去想，你就能想到。

在探讨创造力这个话题时，我们首先要明确：**企业家精神并不是尔虞我诈、互相残杀，丰富的想像力和创造力才更加重要。**如果没有一种好的想法，最终你很可能失败。而好的想法，来自于对社会需求的认知。

在工作中发挥企业家精神

从孩提时代到风烛残年，我们都会被一些重要的问题困扰着。爱迪生、贝尔、福特和过去的企业家们也曾经探索、回答过同样的问题。就在大多数同龄人梦想创业的时候，史蒂夫·乔布斯、史蒂夫·沃兹尼亚克、本·杰瑞、比尔·盖茨已经提出了相同的问题，并勇敢地创立起自己的企业。

你是否也曾问过自己这样的问题：

1．我怎样才能更富有、更有安全感？
2．什么样的工作让我自我感觉良好？
3．我一直梦想去做的事情是什么？为什么现在还没有去做？
4．我创业能解决以上问题吗？
5．如果能，我可以创立、拥有并打造什么类型的企业？

探求这些问题的来源或许并不重要，重要的是找到回答的勇气。

诚实而勇敢地去回答这些问题，对于大多数人来说已经是迈出了最激动人心的一步。他们开始认真审视自己的不满与梦想，想要得到自由、成为自己的老板、掌控自己的生活，让自己以及所爱的人在经济上得到安全感，运用自己的创造力去发挥天赋，结束这种让自己始终感到孤立无援和疲于奔命的恶性循环。而对于成千上万的人来说，这些问题和答案就是：**创立自己的事业。**

克里斯·切雷斯特曾有一份很好的销售工作，妻子朱迪是一名教师。每逢周末和假期，妻子都很闲，但对克里斯而言，那却是一年中最忙的时候。他回忆说："当时，我们很少能见到对方，两个人的生活节奏总对不上。于是，我们梦想有一天能够拥有自己的企业，这样两个人就可以肩并肩地一起工作。但必须承认的是，辞掉原有的工作需要很大的勇气。尽管我们为自己和孩子制定了计划，但这种天各一方的生活方式直接威胁到计划的实施，同时也在破坏着我们之间的关系。最终，我们两人决定放弃各自原有的工作，尝试创业。事实证明，在一起工作的日子是我们一生中最美好的时光。"

我遇到鲍勃和杰姬·贞德之前，他们在马里兰有一家自己的高雅餐厅。他们的餐饮生意取得了巨大成功，而且赢得了广泛的称赞，贞德还获得了餐饮业的金杯奖。而鲍勃的同行也认可他的才干，并且推选他为华盛顿饭店协会主席，他可是该协会历史上最年轻的主席。

鲍勃·贞德本应该感到开心，但事实上却异常痛苦，经常感觉自己已经精疲力竭。他总是废寝忘食地工作，几乎没有休息时间，休假也更是一种奢望。每天他都要面临着不断的压力：订制菜单，寻找新鲜的、质量可靠的食品原料，雇佣及培训新员工，反反复复、精雕细琢。鲍勃回忆说："当时，我需要一份能找回自己生活的职业，我也清楚重新开始并不是一件很容易的事情，但我必须这样去做。"

如今，鲍勃和杰姬·贞德已经拥有了非常成功的安利事业，但他们的成功是不能仅仅用金钱来衡量的。现在，两个人有更多的时间在一起，或者与两个孩子罗奇和朱丽相聚。由于时间可以自由支配，贞德一家有机会在全国自由地展现其在慈善事业方面的热情和天赋。

阿尔·汉米尔顿曾是一名技术精湛的车床和模具制作工，年薪近2万美元。阿尔回忆说："那不是一份最赚钱的工作，但却是我最擅长并且很愿意做的工作，尽管干这行永远不会有太大的出息。直到有一天，我和妻子弗兰坐下来仔细琢磨我们的钱都用在了哪里。一旦细数各项开销——孩子的日托费、汽车、停车、午餐、税费等等。我们意识到无论多么努力工作，或者工作多长时间，日子都会捉襟见肘。"

弗兰补充说道："起初并不希望赚很多的钱，只想有能力购买一套房子与孩子们居住。随后我们的小生意开始有大起色，不久，已经足可以抵上阿尔的收入。对我们来说，创业毫无疑问需要很大的勇气，但恰恰是一点点勇气和努力的工作，我们获得了在经济方面的安全感，也获得了自由。"

吉姆和朱蒂想在箭头湖修建一座住宅，这里的海拔高于雾蒙蒙的洛杉矶盆地，空气清新。朱蒂小时侯曾经与父母在湖边避暑，当时她就梦想有一天能在这里有一个属于自己的家。每当想起或许有一天可以在湖岸边居住，能在湖边美景中回忆起孩提时代的幸福时光，她就激动不已。

而对于沃尔和兰蒂·霍根夫妇来说，他们的梦想就是有一天把家安在远离城市压力和诱惑的高山上，在那里可以俯看盐滩、大盐湖以及犹他州奥格登城的全景，长尾鹿游走于嶙峋的石壁间，山羊在峡谷中自由漫步。那是多么美妙的生活啊！

艾里克在日本娱乐界成名后，开始思考是否还有更佳的生活方式。以大多数人的标准来看，他是成功的，但他自己的真实感受却是失望。艾里克回忆说："我演出，就是为了得到报酬；不演出就没有收入。为此，我不敢生病，不能停下，更不必说抛开一切去休假了。我希望过上一种更好的生活，尽管一直在演出，却始终心不在焉。"

伊藤绿出身于日本一个富有的权贵家庭，在早期职业生涯中很成功。他回忆说："我靠佣金过日子，如果放缓脚步，选择休假，得到的佣金也随之减少。"

最终，艾里克与伊藤绿决定离开原来的高薪职业，选择创立自己的企业。起初，没有人能理解他们的决定，但如今情况却不同了。艾里克与伊藤绿经营的安利事业在日本已经相当成功，成为激动人心的成功故事。他们不但富有，而且有同情心，还拥有让人羡慕不已的自由。

马克斯·施瓦兹与父母一起居住在家庭农场中，这是一个距离德国慕尼黑90公里的村庄。和很多人一样，马克斯想开个电器行，拥有自己的企业。当时他已经完成学业，即将获得资格证书。然而就在他打算参加最后考试时，家庭遭遇了一场惨痛的变故，他深爱的姐姐撒手人寰。经过长时间的悲痛以后，有一天，马克斯的父母对他说："你不要参加电工考试了，你是我们唯一的儿子。现在你姐姐已经离开人世，你要把农场撑起来。"直到几十年后，马克斯依然还记得让他烦恼的那个"梦想破碎"

的日子。

可以想象，很多曾经梦想拥有自己企业的年轻人，最终还是不得不拿起锄头、喂养马匹的情景。尽管十分沮丧，但是马克斯和梅恩·施瓦兹却不愿放弃梦想，两人在农场增添了1000只鹅、200只兔子、几条狗，并种植了饲养家畜的谷物。尽管如此，他们并没有取得成功，随后，他们开始修建房屋用于出售。然而他们目睹的只是梦想一次又一次破灭，感觉目标触手可即，却总是事与愿违。但他们仍不放弃，两人从失败中吸取教训，如今已经拥有一份成功的事业，并成为安利事业成功的典范之一。现在，除了在家庭农场中种植土豆和谷物外，他们还圆了饲养马匹的梦。他培育的第一匹冠军马"王冠大使"，已经在9次比赛中获胜。

马歇尔·约翰逊是非洲裔美国人，在得克萨斯长大。当他还是个孩子时，父亲抛弃了整个家庭。母亲为了抚养5个子女并照顾瘫痪在床的婆婆，每周都要出去帮别人打扫房间，以获得17元的报酬。父亲拒绝支付每周5元的子女抚养费，母亲因为没有能力赚到足够多的钱来支付各种账单，也没有办法让自己和家人过上更体面的生活而感到绝望。最终，她选择了危险但薪酬优厚的工作——在一家工厂的装配线上干活。

马歇尔回忆说："母亲的脸上从来都看不到愤怒或苦涩。尽管我当时还是个孩子，但依然记得母亲当时是如何努力工作来支撑这个破碎的家庭的。每天早出晚归的生活让母亲感觉身心俱疲。由于工厂的机器故障，母亲在工作时遭遇了两次事故，两个手指被切掉了。"

生活虽是如此艰难，但马歇尔的母亲一直竭力把家庭打理得井井有条。尽管一家人的衣服都很旧，而且打着补丁，但是却很整洁。每到吃饭的时候，饭桌上总能摆上食物。每个星期天，在教堂做完礼拜后，母亲就会把一家人召集在一起。她一直都在提醒马歇尔：如果有一天他能够上大学，她将成为世界上最骄傲的母亲。

马歇尔说："母亲对我的愿望实现了。我去了休斯顿大学，获得体育奖学金，在那里我打了四年橄榄球、两年篮球，并且参加了一个赛季的田径比赛。在得到教育学学位后，我被巴尔的摩科尔特斯队选中。大学的最后一年，我与斯瑞达相遇，后来我们结婚了。她是一位漂亮的得克萨斯女孩,有心理学学位,心地非常善良,总会把街上流浪的小动物带回家,还照顾那些无家可归的人。在那段日子里,我依然信奉传统的观念:教育和体育将会使生活得到更好的保证,不仅仅是为了斯瑞达和我们的子女,还为了整个大家庭。"

很快,马歇尔·约翰逊所赚的钱比家庭中任何人都多,但他也意识到:总有一天将不得不离开科尔特斯队,你不可能永远是一名职业球员。也许有一天自己将没有能力来支撑这个大家庭。他回忆说:"除此之外,我还特别希望自己成为社区中的榜样,向所有的黑人同胞表明我们也可以在商界获得成功。"

于是,马歇尔与斯瑞达在1978年开始了他们的安利事业。今天,他们已经取得空前成功,当然经济上独立的梦想也得以实现。马歇尔与斯瑞达夫妇二人不仅是非洲裔美国人的典范,而且也是我们所有人的典范。

约翰·沃恩即将完成普度大学9年的大学生活,获得工程学博士学位。这时,一名空军官员找到他并提供给他一个兼职工作机会。当时,约翰的妻子也即将完成教育学硕士的学习,除了要抚养3个孩子之外,自己又有孕在身。他们一如既往地忙碌。最终,约翰和妻子决定创立属于自己的事业。约翰回忆说:"我们感觉创业能够带来更多的乐趣。因为当时的生活压力的确太大了。"就这样,沃恩开始将工作变成一种娱乐方式。一年后,他们的收入翻了一番。而妻子呆在家中,既是一位全职太太、一位母亲,又是一个生意合伙人。这是多么令人羡慕的生活状态!

这样的故事数不胜数。无论经济鼎盛还是萧条,成千上万的人都在梦想着有一天拥有属于自己的企业,其中有些人已经梦想成真。如果有关自由创业的问题一直在你的脑海中萦绕,如果你一直渴望经济上的安全感,如果你不喜欢现在的工作,这些都是你做出改变的绝佳机会。我不是在这儿推销安利,我的一些好友,至今都没有用过我们的产品。我想说的是,对于创业者而言,**拥有梦想就等于拥有了成功!**

追随你的企业家精神

1980年，美国小企业的数量为1302.2万家。10年后，上升至2039.3万家。仅在1990年，在全美范围内，就有647675家新公司成立，提供的就业机会占总新增就业机会的90%。1982—1987年间，女性拥有的企业数量增加了50%，收入提高了81%。从1982—1987年，黑人拥有的企业数量提高了37%，收入增加超过了200%。

一些人创业，是因为失去了原来的工作。他们希望得到安全感，尽管自主创业存在风险和困难，却能够满足自己的需要。一些人是主动离职创业，他们对公司生活感到厌倦、失望、愤怒、疲惫或觉得这种循规蹈矩的生活过于平淡。还有一些刚刚走出大学校门的年轻人也开始创立属于自己的企业。根据一项调查显示，来自100所不同大学的1200名被调查学生中，有38%的人认为"拥有自己的企业是成功职业生涯的开端"。

《华尔街日报》指出："他们希望保持自主权，寻找工作上更大的满足感和独立感，按自己的意志自由驰骋，想在社区中发现需要，并且创立企业去满足这种需要。说到底，他们希望获得自由。"该文章最后总结道："**用一生的时间去做自己想做的事情**。"

尽管如此，生意场上失败的例子也屡见不鲜。1990年，失败的企业有6.04万家，高出1989年近20个百分点。因此在鼓励大多数人自主创业时，还需要考虑以下5个方面的问题：

1. 如果你现在已经有一份工作，那就不妨等一段时间再去创业。（也许你将会惊讶地发现在不占用工作时间的情况下，在周末和下班后有充足的时间去创业。）

2. 如果积累了足够多的资金可以应付创业阶段生活上的捉襟见肘，不妨辞掉你原来的工作。

3. 尝试去发现并创造生意机会，尽量降低开业成本。（不要背过多的债务。公司在开始阶段并不需要豪华的办公地点，昂贵的设备以及众多的工人。考虑如何用最少的资金，最廉价实用的设备开始你的运营。）

4. 确保你生产的产品或提供的服务在质量上是顶级的。（不要欺骗你的客户，那样注定会失败。）

5. 确保清楚自己在做的事情。掌握关于新公司所有可能的资源，与银行家、律师、所信任的朋友沟通，获得他们的建议。尽管你会在挫折和错误中学到很多，但要在开始运作之前，对自己有全面的了解。

不要害怕尝试。尽管1990年经济滑坡，但小型公司的收入却增加了6.5个百分点。不仅如此，在全国乃至全世界范围内，新兴企业正在蓬勃发展。说实话，开公司绝不是一件容易的事情，尤其在刚开始的阶段。但是，正如兰德斯所说："机会通常被掩盖在辛勤工作中，所以很多人并不能发现它们。"如果能从辛勤工作中获得成就感和安全感，那么你的生活质量会被提升到你梦想的程度。

必须强调的是，**在认真考虑任何工作或企业前，一定要仔细审查！确定该行业及从业人员是否正直诚实**。比如，杰瑞和妻子梅多斯现在拥有一份成功的安利事业，但在起步时，他们自己也不确定安利所做出的承诺是否能够兑现。

在毕业和结婚后，梅多斯夫妇搬到北卡罗来纳州。杰瑞在那儿得到一份化学工程师的工作，梅多斯则任家政教师。她的部分工作是每周做一个介绍服装设计及房间布置的电视节目。当儿子克瑞格6个月大时，梅多斯夫妇有机会听到一次安利营销方案的讲座。

杰瑞回忆说："我完全听明白了讲座的内容，可我并不相信。梅多斯相信但搞不明白具体的运作方式，于是进行了一些交流，并对安利的具体情况进行详细考察。当时，我们做得很认真。"

杰瑞笑了笑，回忆说："她要我给一大群人打电话询问安利的事情，其中包括州总检察官。最终，安利通过了我们的详细考察，我们信任这家公司，以及他们对合作伙伴所做出的许诺。"

内部企业家精神

也许你并不想创业，但仍感觉到企业家精神在你的灵魂深处蠢蠢欲动。这对你也是很有好处的事情！

很多人以为那些曾经梦想拥有自己企业的人一旦为别人工作，他们的这种精神或者消失，或者变得弱不禁风。其实，这是不正确的。事实上，有很多富有创造力和天赋的人希望在别人的公司工作，无论公司的规模是大是小。如果硬是让他们自己去承担创业风险的时候，他们会感觉很不适应，相反，他们更喜欢每月固定的薪水，更倾向于成为大机构工作群体的一员，而不是独立的创业者。

为便于区分，也许我们应该把这些人称为内部企业家。越来越多的公司正在寻找新的、富有创造力的方式，来奖励那些具备企业家精神的员工为公司所做出的贡献。

内部企业家也经常会问下面的问题并据此采取行动：

1．在我的工作岗位、公司或职业中，采取什么样的行动可以更加有创造性地利用我的天赋和才华，而对每天所做的事情感到更满意？

2．我如何才能让这个企业更强大、更成功？

3．采取什么样的措施可以让这项工作更加有效、花费的时间更少、更加节省成本？

4．如何才能使工作环境对于我和我的同事更安全、更轻松、更舒适？

5．我们正在做的工作有缺陷吗？怎样才能做得更好？

无论是企业家还是内部企业家，都把每一天的工作看作是一种成长、一种创造、一种发现以及一种挑战陈旧观念、创造新观念的机会。

安利公司由两种不同的人群组成。一种是拥有自己事业的合作伙伴，另一种是我们全球工厂和办公室的员工。到目前为止，我们讲的都是关于企业家创业的故事。但要记住，没有那些企业内部大大小小企业家的创造力和努力，我们也不可能取得今天的成就。

鲍勃·科克斯塔在过去的1/4世纪，一直是安利公司一名富有创造力和热情的员工。他拥有自己工作岗位所需要的全部技巧和天赋。在这里，我们要向鲍勃以及成千上万愿意将其天赋与我们分享的员工表示诚挚的谢意。这些人在仁爱方面有着自己独特的视角。他们一视同仁地对待我们和其他人，在谈话和交流中，我们从他们的身上学会了如何将仁爱投入到操作台和生产线上。

鲍勃回忆说："当我初来公司时，只有五六百名员工，但办公室、生产车间、研发部门和仓储地点的占地面积已经达到45万平方英尺，简直就像一个迷宫。尽管如此，理查和杰依然能够在这座大迷宫中找到路，出来欢迎一个又一个和我一样的新员工。"

我已经记不清楚杰和我是如何向刚来公司一周的新员工发出正式问候的，但我依然记得他们的眼神和声音。问候是非常重要的，这使得安利从一开始就变得与众不同。我每天仅仅抽出一小部分时间向员工问候，由此产生的员工对公司的忠诚以及生产效率的提高却让人难以置信。这让我难以忘怀。

鲍勃回忆说："在安利的前两年，我与一名主管有冲突。在越来越无法忍受他的情况下，决定辞职。一个星期五下午，我离开了，事先没有向理查打招呼，当时他在外面开会。但周一早晨，当他发现我已经离职时，立即给我打电话，首先向我道歉并且希望我重新考虑自己的决定。尽管当时我并没有立即回到安利，但公司老板如此迅速地了解到一名普通员工的离开，这让我很吃惊，更让我吃惊的是他竟然亲自打电话向我道歉，说实话，他真的不需要这样做。"

有些时候，数字让人觉得迷惑。聘用了多少人？解雇了多少人？还有多少人在生产线上？从公司成立的那天起，杰和我就一直努力对员工一视同仁，无论是即将离开的人还是新来的员工，都给予他们应有的尊重和理解。现在，我们已经拥有3万名员工及超过300万的合作伙伴。尽管完全掌握每个人的情况是不可能的，但我们依然尝试去这样做。

鲍勃说："理查和杰几乎每天都在实践着我们所称的'散步'习惯。你永远都不知道他们会在何时何地出现。尽管他们会很突然地站在你面前。但这种方式会让你感觉很友好。他们慢慢地在工厂走动,可能会停在某条生产线旁,大声问候'嘿,伙伴们,今天过得怎么样?'有时,理查或杰会在一名传送带操作工人或技师的身边停下来问:'有什么需要我们帮助的?'随后真诚地倾听回答。当有人提出批评或建议,我们确信理查或杰一定会认真听取并做出改进。"

非常感谢鲍勃记忆中留下的都是正面的事情,但让我感到不安的是:杰和我在满足我们员工的需要方面,也许已经失误过很多次。其实,要想成为仁爱企业家,还需要我们付出更多的努力。这种工作是双向的,在我们给予员工的同时,他们也会给予我们回报。没有他们的忠诚、创造力以及勤奋的工作,公司是不可能取得成功的。我们的年龄越大,越容易自以为是,与别人的接触就会变得越困难。拿现在来说,公司的建筑结构和布局如此复杂,以致于我在这座大迷宫中根本找不到方向,更不要说对在美国和全世界范围内的生产和分销中心有清晰的掌握。这就是我为什么要如此急切地聘用具有仁爱情怀的经理,然后分配他们去完成各自任务的原因了。

鲍勃回忆说:"随着公司业务的增长,理查和杰开始邀请来自公司各个部门的职工代表其部门出席恳谈会。这些人每周会在某个餐厅或礼堂进行一次非正式会面。可以提出任何问题。每一个问题的答复必须是认真的,甚至在某些时候听起来有点刺耳。"

在会议上,员工可以分享不同的观点,这已经成为公司的一个传统。公司杂志《朋友》的创刊就是源于员工的想法。如今这种做法在美国已经很普遍,但在当时,它还是一个新事物。该杂志每月出版,记录员工在工作或娱乐时的故事及照片,也记录一些在办公室、冷餐会以及特殊场合或事件中所发生的故事。通过杂志,可以对个人在工作中所取得的成就进行赞赏。

与员工的友好沟通往往能迸发出最佳的创意。亚达城的员工经常提醒杰和我:既然你们相信经理能够准时上班,认真工作,那么员工也应该得到同样的信任。后来,我们果断地取消打卡钟,但工作效率和出勤率并没有松弛下来。

仁爱是一项好的事业。无论你是自主创业,还是将自己的创造力和热情奉献给别人的企业,你都必须能够支配自己的自由企业家精神。用仁爱作为指导原则,我们将无往不前。

　　大约在半个多世纪前,一个家住加拿大艾伯特三山区的6岁男孩跑到路边的糖果店,费力地推开玻璃门,从货架上取下一只标着"糖果25块,25分"的打折糖罐。这个男孩把手伸进口袋,掏出一枚25分的硬币将其买下,并带到小镇中心地带的儿童公园游乐场中。

　　男孩注意到在一套新建成的秋千和滑梯的周围,聚集着很多儿童和他们的家长。于是他走到这群人面前,有意大声地打开硬糖果的包装,缓慢地剥下外面的塑料糖纸,在听到他弄出的声音后,孩子们一个个地聚集在他面前,看着绿色糖纸包着的糖块。

　　他问:"你们想要吗?"很多孩子挥舞小手表示想要。他说:"每块只要2分钱。"随后又掏出一些糖果,红的、绿的、黄的、黑的,颜色各异。

　　孩子们立即纷纷伸到口袋找硬币,或跑到父母那里要零钱。几分钟后,所有24块硬糖果就被销售一空。小男孩满脸得意地带着自己赚到的23分钱跑回家中。

　　多年后,当年的小男孩吉姆·詹兹与妻子沙隆在美国和加拿大的生意都取得了成功。即便在功成名就之后,吉姆回忆起童年时的这一"壮举"依然津津乐道。谁能想到当年站在公园卖糖块的6岁小男孩后来成了一名成功企业家,也许连他自己也没想到。设想一下,如果当时大人们破坏了小男孩的创业计划,结果又会怎样?

　　当企业家精神在一个小孩子身上灵光一现的时候,你需要做的就是不要让这创业之火熄灭。当一个小男孩在街上兜售糖块时,他应该因自己的创造力和劳动得到表扬和鼓励。

　　吉姆与沙隆·詹兹一直在坚持着他们的创业梦想,并且在企业家精神的引领下取得了成功。同时,他们也为成千上万的人提供了获得成功的机会,并用实际行动将自己的财富用于各种仁爱事业,进而对社会产生了深远的影响。

　　道格拉斯·麦克阿瑟将军曾经说过:"人的一生没有什么安全感可言,

唯有机会而已。"你打算以一种什么样的方式来度过一生中剩余的时间呢？现在就行动吧！如果今天你能够勇敢地迈出第一步，那么以后的事情自然就水到渠成了。

在迈阿密海豚队度过11个年头后，蒂姆·福利的企业家精神引领他加入到我们事业中来。他在为康妮以及全家寻找经济上的安全感，但事实上，他要寻找的不仅仅是这些。无论你是否相信，大多数的成功企业家创业并不只是为了赚钱。一旦被真正的企业家精神所俘获，你会发现自己所追求的真谛之所在。

蒂姆说："我从不在意买不买奔驰车。尽管在佛罗里达拥有漂亮的房子以及一个家庭可以梦想的所有享受，但真正让我和康妮感到幸福的，是有机会去帮助他人，并且看到他们梦想成真。"

路易和凯西·卡里略夫妇就是其中之一。蒂姆回忆说："其实，直到1981年前，路易一直是一名一帆风顺的空中交通管制人员。在与几百名同事一齐被解雇后，路易花了数月的时间才找到一份新工作。当我第一次见到路易时，他正在一家停车厂工作，每周可以得到150美元的工资；而他的妻子凯西，也正在经历着痛苦的转变，从一名衣食无忧的年薪5万美元的空中交通管制人员的妻子，沦落为节衣缩食、为别人清理房间的保姆。

那段日子对于路易·卡里略来说是非常艰难的。他曾经努力地工作，牺牲太多的东西才在国家空中交通管制系统中谋到一个职位。被解雇后，他们银行里几乎没有什么存款，不得不看着家庭走向不幸。在路易和凯西决定加入安利的时候，他们在经济上已经入不敷出了。路易是个不错的人，但他不擅长沟通，并且没有什么人际关系的处理技巧。当开着一辆锈迹斑斑的黄色达特桑75汽车第一次出现在老朋友和熟人面前时，他有意将车停得远远的，以掩饰自己的尴尬。

蒂姆回忆说："即便如此，路易·卡里略依然在为自己和家庭梦想着，每个晚上他都会拿起宣传材料和产品，钻进那辆达特桑75汽车，鼓足勇气穿行于佛罗里达的街道上。在他遭遇挫折或心情糟糕的时候，我们都会来到他身旁鼓励他。一天晚上，当路易第一次单独尝试时，我开车来到他家,在他破车的风挡上贴了一张便条:'路易,别忘了,你并不是一个人,我们会一起努力的!爱你的蒂姆。'"

每当回忆起这张便条,路易都会热泪盈眶。幸亏遇到蒂姆以及其他仁爱的企业家,他才能够创立自己的事业。

隐藏在你心灵深处的企业家精神,或许此刻正在躁动不安。不要害怕尝试,开始行动吧!千里之行,始于足下。**找到一家能够帮助你梦想成真的公司,有一天你也会明白蒂姆和康妮·福利以及路易和凯西·卡里略所享有的真正乐趣,这不仅仅在于实现个人成功和获得经济保障,更多的还在于能帮助他人找到自己的个人成就感和经济保障。**

第三篇
开始行动

**PEOPLE HELPING PEOPLE
HELP THEMSELVES**

第8章

我们需要什么样的态度

信条8

培养积极、乐观、充满希望的态度，对达成目标至关重要。所以，我们要制订相应的规划，以培养积极乐观、充满希望和勇于创新的人生态度。

一名年轻的推销员开着西端酿酒公司的汽车，行驶在纽约市尤蒂卡镇到罗马镇的49号公路上。当他穿过横跨莫霍克河的东多米尼克大街桥时，天色突然暗了下来，雷声从远处地平线响起。为了躲过暴风雨，他加速驶向詹姆斯大街，最后停在都灵路的吉列食品超市门前。

在年轻人抓起公文包和展示板，穿过停车场奔向会议室的一刹那，雨水开始拍打在车窗上。那天，他已经穿越5条公路，横跨奥奈达郡，拜访了40位客户，做示范、销售产品、签收订单。1964年的那个夏天，他每周工作80个小时，事事都竭心尽力。然而，他将自己大部分时间都浪费在路上了，销售技能并没有得到发挥，当然也没有获得成功。

这个年轻的推销员就是德士特·耶格。他和妻子博蒂开着那辆锈迹斑斑的福特旅行车，和4个孩子住在村前的一排老房子里。博蒂回忆说：

"家门外就是大街，没有草坪，没有孩子们可以安全玩耍的地方，更别提安静的环境了。"

德士特回忆说："我曾经对自己和家庭有着宏伟的计划。孩提时，我就梦想着有一天能自己创业。妈妈总是对我说：'我们的姓'耶格'，就是'不为别人打工'的意思。'但我没有钱，如何开公司？每晚看报纸的时候，就更觉得灰心，因为上面的创业机会，没有一个我能负担得起。于是我误以为自己没有放开手脚，就是因为没有钱。"

德士特解释道："我没有受过高等教育，这也是另一个主要障碍。应聘工作时，那些西装革履的家伙总对我不屑一顾。看完简历后，他们就嘟囔着：'没上过大学，小伙子？'我只能讪讪地笑，这让我更加灰心。他们随便地翻看简历后，笑着还给我，然后打开房门，嘴里喃喃说道：'等你拿到学位再来吧。'"

德士特也承认："我识字不多，所以很少想到按照自己的方式去生活。我永远都忘不了有人曾对我说过这样一句话：'你大字都不识几个，谁愿意认识一个文盲呢？'"

"我总觉得这个社会似乎哪儿都不适合我，有太多的原因让我自惭形秽，也有太多的理由让我对未来忧心忡忡。但是我内心深处总有一股不屈的力量。我相信自己，并且多年来的信念也让我勇于改变。"

相信你自己

也许有人会问：我现在对企业家有一些了解，但如何才能成为企业家呢？对于像德士特·耶格一样的人，成功始于积极的态度。

如果说某人有"态度"，我们通常是说这个人很自大。但此处的态度并非这个意思。自大与自信看似接近，实际上毫不相同。我所说的"态度"是指"积极心态"，也就是说，"**我相信我能成功！**"就像德士特·耶格一样，他的"积极心态"使他成为安利历史上最成功的营销伙伴之一。

感觉不太自信？当有人对你说"你可以成为一名成功的企业家"时，

你的第一直觉是"不可能"吗？其实不仅你有这种想法，我们大多数人，至少在最初时，都会认为自己不是这块料。而且，总是有人在我们的一生中暗示或明示我们：你还不够优秀，你有弱点，你不可能独占鳌头。但是，我们错了，我们的才干往往被类似这样的垃圾谎言给埋没，就像计算机专家常说的："输入垃圾，就会输出垃圾！（Garbage In, Garbage Out）"①

"你要取得成功，首先需要一个大学学位"便是其中之一。我相信教育的力量，我是多所大学董事会的成员，荣获过各种荣誉学位，我的子女也都从大学毕业，但我本人并没有受过正规的大学教育，德士特·耶格也没有受过大学教育。看一下财富500强的创始人或首席执行官名单，你会发现这样的人很多，也许这会令你很吃惊。

然而，我并不是说大学学历不重要，但没有它，我们就真的无法成功吗？德士特·耶格的叔叔约翰是他心目中的英雄之一，他回忆说："自八年级辍学后，约翰叔叔便成了一个洗碗工，赚到的薪水一直很低。但他从一些技艺精湛的木匠那里学到很多手艺，在所工作的建筑公司破产后，他开始创立自己的小公司。随后他借钱买地，成了地产开发商，并用赚的钱买下了自己喜欢的餐馆。他总是在不断地尝试新事物，到60年代已至少有一打的各种生意，所取得的成功超出了他的想象。我希望自己也能像他那样成功。"

德士特继续说："约翰叔叔告诫我：'你首先要去上大学。'父亲也建议说：'拿到你的学位。'然而我却告诉他们'我想和你们一样'。与约翰叔叔很相似，父亲八年级时结束了正规学校教育，但两人从来都没有停止过学习、成长及追求改变。我知道很多人都拿到大学或研究生学位，但令我最敬佩的却是父亲和约翰叔叔所取得的成就，以及他们取得这些成就的方式和途径。尽管他们并没有像老师那样在学习上无休止地鞭策我，但自始至终没有放弃过对我的鼓励：'如果你拿不到大学文凭，你就

---

① 原意为"垃圾进，垃圾出（Garbage In, Garbage Out，简称GIGO）"，是一个计算机术语，意思是说，计算机输出的内容是由输入的内容决定的。本处指我们接受过多的负面影响，将会产生负面的结果。——译者注

无法成功.'"

我们心目中的英雄也可能会误导我们,德士特很早就明白这点。他回忆说:"我在纽约罗马镇的酿酒厂工作时,还深信没有大学文凭就永远无法成功。但上大学对我来说已经太晚了,我已经成家,并且有了4个小孩。尽管人们认为我应该可以,但说实话,我知道自己没有精力去读完大学。"

我们知道,不好的建议会阻止自己梦想的实现,还会在大脑中形成挥之不去的阴影。"没有大学文凭你永远都不可能成功""就凭你那点知识,没人会给你机会",这些没完没了的条条框框总让人感到绝望。

在我们很小的时候,就开始被这些所谓的建议纠缠,它们始于一个笑话,或者一次私语,随后大有愈演愈烈之势,直到潜能被湮没,梦想被毁灭。切莫让那些有关你不足的谎言再次威胁到你的未来,相反,你应该想一想自己的天赋,找出一个你自己认同的正面特质,去开发更多的潜能,从今天开始就树立一种全新的、积极向上的生活态度。

有一次,我因为心脏病突然发作,被火速送到位于密执安州大急流市的巴特沃思医院特护病房。医生为我做了心脏搭桥手术,清除了血管中的血栓。在医院的那段漫长日子里,我痛苦地意识到,如果自己大难不死,将面临两种选择:一如既往地生活、工作,最终又会回到手术台上;或者做出认真的长期改变,期望能够长命百岁。

医生告诉我说,血栓形成有三大因素:遗传、不良饮食、缺乏锻炼。我躺在病床上,开始认真思考医生的话。他所说的三个因素教我如何自救,同时也教我拥有从失败迈向成功的心态。

如果把"我不能……"的态度看作是一种血栓,情形会怎样?那三大因素——遗传、不良饮食、缺乏锻炼也适用吗?缺乏自信是遗传的吗?一套新的饮食方法能产生效果吗?是否存在一种锻炼意志的方法,使我们突破消极心态,放飞企业家精神?

遗传。我的父亲西蒙·C.狄维士(Simon C. DeVos)59岁时因心脏病英年早逝。我成功的大部分原因,源于他的遗传,对此我充满感激。不过,我也继承了一些不良心理和生理特征。由于没有认真对待这些遗传因素,当躺在病床上时,我开始怀疑自己是否也会像父亲那样早早地去见上帝。

我的意思并不是找人来为自己的弱点作替罪羊。我只想说，无论是谁，来自哪里，"我不能……"的态度是可以"遗传"的，并不是通过生理上，而是通过思想和观念将某些特征传给下一代。

如果你的父母认为自己是失败者，如果他们缺乏自信或对成功的渴望，那么他们会遗传给你什么样的态度呢？很可能你也会因此而认为自己是一个失败者。这并不一定是你父母的错，他们和你一样，要去和自己的"遗传"斗争。或好或坏，我们都不可避免地继承了父母的许多长处和弱点。然而，这并不意味着你无法改变。

德士特回忆道："我母亲是一位很有主见的女性，她一生饱受虚弱的身体和背痛的折磨。医生告诉她不能要孩子，但她却生了5个；医生警告她不要抱举孩子，但她却经常抱我们；在我们还很小的时候，她被诊断出有高血压，医生甚至让我们准备后事，但母亲微笑着，凭着坚定的自信，她羸弱的身体又一次站了起来。她从不把医生的话当回事，到母亲80岁的时候，那些医生们已经相继去世了。"

"母亲在过完80岁生日不久，又遭受了一次打击，整个右半身都瘫痪了。护士们提醒说：'她永远不可能再走路了。'但是这些善意的护士显然并不了解我的母亲。第一个疗程还没结束，母亲就提要求：'我想要一根拐杖，我会站起来的。'一次，我站在母亲的房间，惊讶地看着她从椅子上挣扎着站起来。她说：'早上好，孩子，过来，给妈妈一个拥抱。'说着，她开始艰难地向我走来，脸上挂满自信的笑容，眼神中透出战胜一切的骄傲。"

"父亲虽然只有5英尺4英寸高，但他非常坚强，能够在罗马这个偏僻小镇立住脚真是不简单。一次，两个无赖进行挑衅，父亲一开始力图避免麻烦，在被打了一拳之后，他开始像只老虎一样追在他们后面。当我们看到这两个人时，他们正拼命向南逃跑。"他说。

"很长一段时间，我书桌上都放着一块小匾，上面写着：'打仗靠的是斗志，而不是身板。'每次看到这句话，我总能想起父亲，想起他传承给我的斗志。"与德士特一样，我们每个人都从家人那里传承了或好或坏的品质，但我们千万不要自我满足，而应该有所突破。如果你生来对自己的潜力期望很低，那么就应该尝试改变这种想法。对自己说：'我不是个失败者，我一定会成功！'这样，那些曾经阻碍你父母或祖父母潜能发挥的环境，将不会再束缚你。如果有人现在对你说："你能够做到！"你应该很感激，因为可能并没有人对你的父母或祖父母说过这样的话。

饮食习惯。我们可能已经遗传了强壮或柔弱的身体，但如果饮食中只有薯条和干酪汉堡包、巧克力蛋糕和啤酒，结果可想而知。除非足够幸运，否则我们很可能会死于动脉栓塞：血管内看起来会像一条生了锈的旧管道。但是，如果我们的饮食均衡，常吃低脂肪的食物（其实并不像听起来那么乏味），血管就会保持很好的张力和韧性。

同样的道理也适用于我们的精神世界。如果我们不断地被灌输一些不健康的思想，后果会怎样？我们很可能会形成不健康的态度。

这是一个非常古老但依然实用的观念：你吃什么，你就是什么。如果你一直被灌输消极的"我不能……"的想法，那么你注定会失败！

在与德士特和博蒂·耶格的谈话时，德士特突然侧身拿起一个玻璃杯，他说："看这个杯子，现在它装满了可乐和冰块，当我把它喝完，里面会充满空气。并不存在真正的空杯子。"

他继续说道："同样，也不存在真正的空头脑，我们的头脑中充满了各种各样的想法，有积极的，也有消极的，有快乐的，也有悲伤的。所有的事情和想法都在脑海中汇集，有时甚至希望和绝望会相互碰撞。所以我们必须学会排除毒素和垃圾，同时还必须学会用好的、积极的、有希望的、有益的、鼓舞人心的想法不断填充到脑子里。

我们来看一看德士特和博蒂·耶格在60年代初创业时的情形：开着1955年的旅行车，住在老房子中。每天晚上睡觉之前，他都会沿着多米尼克大街去罗马镇上唯一一家卡迪拉克轿车经销店。

他回忆说："我坐在黑暗中，注视着陈列窗展示的眩目的卡迪拉克。我的目光落在亮红色的帝威车上。尽管当时存折中没有一分多余的钱，但我还是一遍遍地告诉自己：这辆车属于我，指日可待。"

博蒂提醒说："德士特并不是唯一一个有这种梦想的人，当德士特梦想有一天把福特车换成卡迪拉克帝威的时候，我也梦想着有一天能拥有位于罗马镇郊的一幢大房子:带草坪的后院供孩子们安全地玩耍,门前的街道人流稀少,一片静谧。一次,我与德士特分享我的梦想时,他竟然驱车15分钟来到我梦想的那座房子前面,停下老福特,宣称这座房子是我们的。很奇怪德士特做这些的时候,房子的主人并没有去报警。"

他解释说:"把注意力集中在我想要的东西上,这是改变别人对我有意无意的偏见的最好方法。我必须摆脱那些非常善意的、认为他们为我所设计的梦想比我自己的要好的人,找回属于自己的生活。日复一日,年复一年,未来的梦想给予了我力量。"

今天,德士特和博蒂·耶格夫妇住在曾经梦想的北卡罗来纳州夏洛特附近微莱湖畔的大房子里,而老房子已经成为回忆,那辆老掉牙的福特旅行车也已经退休。除此之外,得到他们资助的教会以及各地的慈善机构名单有了很长一串。他们还筹建了一个训练营,用来帮助孩子了解自由企业体系及其成功之道。耶格夫妇正在重塑一代人的观念:**从"我不能成功"到"如果努力,我也能成功"**。

改进"饮食习惯"的重要方式是听和读。从呱呱坠地开始,我们的大脑就如同一台录音机,记录着我们听到的声音——甚至我们还在母亲身体里的时候就已经听到了——以一种奇妙的方式永远贮存在两耳之间。一些声音是正确的,另一些则不然。但无论喜欢与否,我们听到的所有声音都被记录下来。这些声音,尤其是那些不好声音的一遍遍地在我们脑海中播放着。

"你好丑!"

"你这个笨蛋!"

"别忘了,你只是个女孩儿!"

"你知道吗,你是那种容易出事的人!"

"一次失败,永远失败!"

尽管其中有些内容我们已经不再相信,但仍然没有办法阻止其播放。用一分钟的时间扪心自问:哪些内容破坏了你的自信心,低估了你的潜能?我确信,对德士特来说,是大学文凭、有限的词汇量以及生不逢地。对你来说,是什么样的内容让你消沉,有什么样的新内容能让你重新振作呢？

多年前，在奥地利的因斯布鲁克，我的一位挚友比利·佐利（他也是极力倡导我写本书的人之一）在奥林匹克露天体育场做了一次演讲。在数以千计的欧洲人面前，比利讲述了一个温斯顿·丘吉尔的故事，说的是丘吉尔去世之前到一所著名的英国大学为毕业生做一次简短演讲。

丘吉尔到场有些迟，穿着厚重的外套，戴着黑色的毡帽，走进礼堂讲台。在学生们欢呼时，他慢慢地摘下帽子，脱掉外套并放到旁边的讲台上。他看上去很苍老疲惫，但却自豪、笔直地站在学生面前。

听众渐渐安静下来，他们知道这可能是老首相的最后一次演讲了。无数张兴奋、期待的面孔，注视着这个曾经英勇地领导英国人民从纳粹黑暗走向光明的老人。作为政治家、诗人、艺术家、作家、战地记者、丈夫、父亲，丘吉尔走过了充实而丰富的一生，他最终会给学生什么样的建议？如何将毕生的经验都浓缩在这一小时的演讲中？丘吉尔低头看了看台下的人们，良久，说出了四个字：

"永不放弃！"

学生们注视着他，期待着随后的话。又停顿了至少 30 秒到 45 秒的时间，丘吉尔依然只是看着他们。此时，他看上去红光满面，炯炯有神。接着他又开口了，这次声音更加洪亮：

"永不放弃！"

丘吉尔再一次停顿下来。他那刚毅的眼中饱含着泪水。学生们想起了纳粹飞机在伦敦上空肆虐，炸弹落在校园、住宅和教堂上；他们想起了那个左手紧握着雪茄，右手挥舞着胜利的手势，带领大家从噩梦中冲出来的丘吉尔。那天，在长时间的沉默中，所有人都感动地流下了泪水。末了，老人最后一次道出：

"永不放弃！"

这次他呼喊着，声音响彻整个礼堂，余音回绕。一开始，人们非常安静、惊讶，等待着更多的演说，没人走开。逐渐地，人们意识到其实不需要更多了。他已经道出了一生的全部感悟。在其一生所遭遇的危机中，他永远没有放弃，世界因为他的出现而改变了。

丘吉尔慢慢地穿上外套，戴上帽子，在大家意识到演讲已经结束之前，他转过身走下台阶。欢呼声顿时响起，一直到老人离开很久后才停止。

比利·佐利用丘吉尔的故事作为演讲的结束，并且演讲被录音和录像。很多人都想要演讲的带子，其中一名叫做沃尔夫冈·拜克豪斯的年轻德国人，将磁带带回德国，当时，他正在和妻子筹建公司。

沃尔夫冈告诉我们："我已记不清和妻子一共听了多少遍。诚然，真正做起来并不容易，但我们抓住了机会！每当萌生退意时，我们就放比利的演讲，再次聆听丘吉尔的这句名言：'永不放弃！'"

今天，拜克豪斯家族拥有一份很成功的安利事业。他们抛弃了"我不能……"，头脑中全是丘吉尔的名言"永不放弃！"

创业之初，前科尔特足球明星布莱恩·哈罗什安和妻子迪德决定去听一听这盘录音带，因为很多人告诉他们这盘带子很能激励人，从而改变人生态度。布莱恩说："一天，我们终于听到了这盘带子，我们分别在汽车、客厅和卧室中放了几台录音机。甚至在度假、晨练或在健身房时都带着录音机。"

布莱恩和迪德养成了听有益的磁带和阅读励志图书的习惯。布莱恩告诉我们："我们每天听或阅读一些积极的东西，尤其是克服逆境者的资料。它能让我们在面对困难时更加自信。"

德士特和博蒂·耶格夫妇也同意这个观点。他们一生致力于把这种生活哲学传授给其他人，如哈罗什安夫妇。

德士特说："博蒂尽量每个月至少读一本新书，都是一些有关个人发展、激发创造力、励志、提升技能以及成功及组织原则的书。"他笑着补充道："读有关成功企业的书籍绝不会对我们造成伤害。别忘了，大家都是生意人，为什么不去追求成功呢？就像是医生必须紧跟科学研究的步伐；律师必须了解所有的新案例。我们这些富有仁爱之心的企业家怎么可以不加倍努力呢？"

作为一名企业家，你正在阅读或聆听哪些可以帮助你建立积极态度的书籍或磁带呢？在我们公司内部，每月读一本书的惯例已经完全地建立了。

刚才我们一直在谈论有关充实精神、培养积极心态的问题。同时，我们还要注意朋友的力量，周围朋友对我们态度产生的影响力，常常超乎我们的想象。

安利成功的秘诀就在于有那些像耶格夫妇、哈罗什安夫妇以及拜克豪斯夫妇一样为共同的梦想而聚集在一起的人们。在讨论会和家庭聚会中，他们坐在厨房的桌子或壁炉旁一起分享梦想。然而，我们中的大多数人身边还有一些不能帮助我们培养积极生活态度的朋友，这些人一直在拖我们的后腿。一位政客向法国前总统查尔斯·戴高乐抱怨正在遭受朋友的打击，戴高乐直接告诉他："换掉你的朋友！"另一个法国人德利尔在100多年前说过一句名言："**命运替你选择亲属，但你必须自己去选择朋友。**"

在谈饮食习惯时，我们并没有过多地担心卡路里、碳水化合物、脂肪量或者食盐。我们一直在谈论需要获取的思想、希望和梦想。你的周围是否尽是一些拙劣的宣科布道者、悲观论者、吹毛求疵者或落井下石者？或者你身边的朋友能够让你感觉更自信，对未来更有希望。近朱者赤，近墨者黑。交朋友一定要小心！

锻炼。为了保持身材，就要坚持锻炼。不要像有人说的："每当我想锻炼，就会躺下来，等到这种想法消失。"**如果想成为一名企业家，你就必须去锻炼你的"肌肉"，你必须起身去尝试。**

温斯顿·丘吉尔说过："成功来自于愈挫愈勇。"托马斯·爱迪生补充说："成功来自于90%的汗水和10%的灵感。"这两个人都清楚，在取得任何成功之前必须首先投入到竞争的环境之中。

你不能保证每次都获胜，甚至可能会遭遇一次又一次的失败。但是不断从失败中走出来，历练自己，这将有助于你天赋的发掘——你也将会离成功越来越近。大多数人并没有尽力去完成所做的事情，并且永远也不会练就成功所需的"肌肉"。

在我的家乡，有很多关于正确的态度带来巨大改变的例子。我有位朋友叫彼得·斯克亚，他是意大利移民的后代，观念陈腐的家人告诉他说："上学是浪费时间和精力。"但彼得从来没有理会这个"忠告"。

另一个朋友，保罗·科林斯，尽管所有人都认为年轻黑人当运动员或者爵士乐手是一个不错的选择，但绝对不适合去当一名画家。保罗同样没有听从这个"忠告"。

还有一个朋友艾德·普林斯，在很早的时候就被告知：父亲早逝的穷孩子不可能在商界获得成功。他同样也没有听从这个"忠告"。

于是，彼得继续着他的学业，直到成为美国驻意大利大使；保罗的杰作在世界著名的画廊和展览馆中巡回展出；而普林斯则成为了一名成功的首席执行官，公司是属于他的，并在业内享有很高的声望。

这三位朋友都战胜了传统观念的影响。他们汲取了健康的、积极的思想，并且在他们身边拥有一群健康、积极的人。他们摆脱了思想消极的朋友以及扯后腿的熟人的纠缠。凭借着年轻人的冲劲儿，练就了成功者的"肌肉"。他们有过梦想，敢于承担风险，尽管前进中有时会跌倒，但始终保持着正确积极的态度，于是他们最终成为了今天的赢家。

努力克服消极的思想，用积极的、振奋人心的和充满希望的思想制订出一种健康的"饮食习惯"。现在就开始练习你成功者的"肌肉"吧！如果现在就有一个想法，何不尝试一下呢？你将会为可能取得的成就而感到惊讶。我有一位朋友的故事证明了这点！

严格地说，比尔和郝娜夫妇出身不算清贫。郝娜的父亲是一名技师，经营着一个修车厂。比尔的父亲则经营着一家小型纺织厂。在父亲病倒后，比尔辍学回家照顾父亲。父亲去世后，他不得不卖掉工厂来还债。父亲并没有留下什么积蓄、保险或者遗产。几年后，郝娜的父亲也撒手人寰，留下了两个十几岁的孩子。

那段时间，比尔夫妇的处境很悲惨。他们必须承担更多的责任，但是却没有足够的收入。在军队度过了一段节衣缩食的日子后，比尔在北卡罗来纳州夏洛特的一家钢带轧厂找到一份销售工作。而郝娜则兼职在夏洛特地区的商场及公共场所促销照相机。他们没有可以炫耀的学位，没有存款，没有藏在深山中的富翁叔叔。但他们有自信，有正确的态度。他们坚信总会有工作给他们带来稳定的收入。1973年，他们发现了一个创业机会，于是决定不惜一切代价去冒这个险。

今天比尔夫妇已经住上了漂亮的别墅。他们及孩子的未来有了经济上的保障，两位寡居的母亲也得到了照顾和关爱。比尔与郝娜从每天支付账单的焦虑中摆脱出来后，可以自由地运用时间、金钱以及领导才能以奉献给他们所深爱的仁爱事业。在飓风安德鲁席卷佛罗里达州后，比尔一家和来自全国各地的安利志愿者们一起，来到灾区，给需要帮助的人带来希望和帮助。比尔一家创业的时候虽然缺乏资金，但是满怀梦想，并且有着积极的态度，恰恰是梦想和积极的态度给他们的生活带来了巨大的变化。

儿子道格拉斯13岁时，我们曾一起到密执安湖划船。当船划过水面时，我对儿子大声说："有一天，你会有一条更快的船。"但是，他回答道："恐怕不会，也许在我得到之前，这个世界上的汽油已经用光了。"

听到这话，我当即关掉了发动机，船在沉默中漂浮着。短暂沉默后，我很认真地对儿子说："道格拉斯，我要告诉你，当你买下想要的船时，不需要为汽油担心，因为船一定有充足的燃料。"他怀疑地问道："你怎么能确定？"

我告诉他："**几年前，我也不知道我们能在3小时内从华盛顿飞到纽约，或是片刻间就能通过传真和全国各地联系。但是这些都发生了。**昨天难以克服的问题在今天看来也许很容易，我们一定要始终相信这一点。"

我是个坚定的乐观主义者。我相信命运已经为我们安排了能够解决问题的、富有创造力的能力。如果能坚定信念、放宽视野，我们就会找到世界上所有重大问题的解决方案。作为人类的一份子，你我的态度都关系重大。

6年前，德士特和博蒂在事业上的成功已经超越了他们最初的梦想，他们不但富有，而且有魅力，先后有5位美国总统邀请这位前啤酒销售商和他的夫人到白宫做客。当耶格一家正沉浸在无忧无虑、幸福快乐的生活中时，他万万没有想到，另一个巨大的考验正在降临。

1986年10月，德士特的右臂和右腿感觉异常。他回忆说："我以为是神经痛。不想去打扰别人，我想过段时间就好了，但事情的发展却完全出乎想象。"

3天后，德士特就没法走路了，他的右半身完全瘫痪。护理人员赶紧把他送入重症观察病房。医生们会诊，对病情进行检查，发现他的血压正在急速下降。

博蒂摇摇头回忆道："专家警告我，即使德士特能活下去，也不可能走路。全家人都围在病床前，我们真的害怕这个自信、精力充沛的人可能会一辈子无助地瘫痪在床上。医生还告诉我们，德士特在轮椅上度过余生可能是最乐观的治疗结果。"

他回忆说："我用了很长时间才摆脱消沉的情绪。过去20年，我跑遍全世界去关心那些我所爱的人，我不愿意让他们看到我现在的样子。医生说我会变成一个瘸子，永远不能再走路。"

德士特很轻易就相信了医生的话，而且对治疗的结果深信不疑，医生的预测让他的梦想阴云密布。在病床上躺了一段时间后，他做出了一个新的决定：他必须有一种积极的心态。接下来的6个月，他以前所未有的积极心态投入到了工作中。

他平静地说："每一天我都努力把失去知觉的肢体拉回到生命中来，右半身瘫痪了，所以我学习使用左半身。博蒂和孩子们帮我翻身、按摩。护士和理疗师帮我拉伸弯曲的四肢，医生为我制定康复计划。朋友们为我送来了数以千计的鲜花和卡片，并且为我祈祷。我侧身看着自己已经变形的胳膊和失去功能的腿，满怀希望地支撑着，一步一步地在蓝色床垫间挪动，我听到一个声音对我说：'你一定可以再站起来。不要听信任何人的谎言'。"

1986年末，北卡罗来纳体育馆挤满了德士特和博蒂的朋友和营销伙伴。节目设计得非常简单。博蒂把德士特推到台上，他将挥动着那只健康的手臂，和大家分享一段鼓舞人心的话，然后再被推回去。不过德士特有个更好的主意。

涌动的人群充满疑虑，不知道这位身患重疾的朋友有什么样的出场，但愿比预料的好。德士特出现了，他没有坐在轮椅上，一步一晃，步履蹒跚，走了过来。人们热泪盈眶。德士特终于站起来了！

在上天的庇佑下，在家人、朋友的帮助下，德士特·耶格胜利了。

在医生可怕的预言面前,德士特站了起来。德士特始终选择了相信自己。

无论过去有什么阻碍了你,无论什么使你感到自己是个失败者,无论你的人生和事业面临怎样的恐惧和威胁,你都要听听你内心的声音:"你能行!你会再站起!不要让任何人偷走你的梦想。"

第9章

我们需要什么样的老师

> **信条9**
>
> 成为成功的企业家,需要有经验丰富的良师来指导。所以,我们要找到令人敬仰且有所成就的人,帮助我们达到目标。

在某美军基地,刚从预备军官学校毕业的陆军中尉比尔·贝瑞德站在士兵面前。"当时军情紧张,"比尔回忆道,"一个刚来的新兵犯了错误。我记不起他做了什么,但记得我把他喊出队列,严厉训斥。他站在我和全体官兵面前,强忍着委屈的泪水。"新兵接受命令,把工作又重做了一遍。

当比尔快步走回营地办公室的时候,一个看上去饱经风霜的中士礼貌地拦住了他。"中尉先生,"他恭敬地说,"我能到办公室和您谈谈吗?"

比尔迈进帐篷,走到桌子旁,转身说:"我和同僚及战士们关系非常融洽。我尊重他们,他们也尊重我,但那个新兵好像对我有意见,这不难看出来。"

"长官,"中士直奔主题,"您当然有权这么做。不过下次谁惹您生气,只管告诉我。我把他抓到这里来,一切任您处置。"

比尔很惊讶竟有人这样面对自己，自己可是中尉啊。但那中士很快就证明，他不仅年长，而且老道、有阅历。"您有权采取任何方式，"中士总结说，"但我建议您在私下批评，不要当着别人的面，这样他们会更尊敬您。"

中士肯定是鼓足了勇气才敢面对这个上司。但比尔知道从一开始他就是对的，而自己错了。

"中士先生，"比尔绕过桌子，伸出手，"您说得对！我本该懂得这些。非常感谢您的建议，我会铭记在心。"

他们握了握手，中士转身跑回队列。比尔回忆道："在后来那些清理雷场、筑路修桥的枪林弹雨中，我学会了依靠他出谋划策。当我被调往另一项工程时，我要求特许带他一同前往。很遗憾我已记不起他叫什么，但在生命的艰难时刻，他是我的良师益友。"

为什么需要良师？

公元前8世纪，古希腊诗人荷马在其史诗《奥德赛》中，描写了奥德赛在特洛伊战争后，经历十年海上漂泊，最终回到家乡的故事。临终前，奥德赛将抚育、培养爱子忒勒马科斯的重任，托付给了忠实的朋友门特（Mentor）。3000年来，"门特"已成为富有智慧和值得信赖的顾问的代名词。

"门特"一直被用来形容受人爱戴的老师、聪明的主管、有远见的朋友、阅历丰富的教育家、成熟老练的向导等。如果够幸运，在我们人生的每一个阶段都会有良师益友在需要的时候出现，给我们以帮助。回顾以往，你还记得哪位良师曾来到身边，成为你终生的挚友，抑或擦肩而过？

高中时，我遇到了杰·温安洛，一见面我就喜欢上了他。他聪明、稳重、积极向上。我们一起梦想开创事业。当时我满脑子的想法，就像酷暑季节消防龙头中的水一样喷涌不止，而杰知道该如何疏导水流、进行规划，如何问问题、提建议，如何聚集力量、导正方向，我们成了事业伙伴和好朋友。近半个世纪以来，无论成功还是失败，杰都给予我充分的信任。他是我的良师益友——充满智慧、值得信赖的顾问和朋友——我常常为能赢得他的友谊而庆幸和感激。

良师传授给我们无法自学而得的知识。 没有良师的传授，我们每一代都得重新发明一切所需要的东西。亚里士多德说："实践出真知。"诚然，我们可以从实践中学习，但良师能帮助我们避免重蹈覆辙，使我们加速成长，发挥优势、增长知识。

"我父亲是蒙哥马利·沃德百货公司汽车部的经理，"比尔回忆道，"他工作努力，上司也很赏识他，但他逢酒必醉，公司不得不在各城市间把他调来调去，希望他能重新开始。所以我们总是居无定所，高中时我成了班里的差等生。"

"高中最后一年，我们住在佛罗里达州的代托纳比奇，为了贴补家用，我每天晚上都在梅因大街'新客来'加油站工作到11点。父亲每当喝酒撒酒疯儿时，就会想办法偷偷拿走加油站收银台的钱，所以我还不得不时刻提防着。"

"在那段艰难的高中岁月，"比尔笑着回忆道，"母亲总是毫无怨言，处处体贴关爱。每当我失望和沮丧的时候，她总会在我身边。一天夜晚，我实在有些坚持不下去了，于是告诉母亲说想退学。出乎意料的是，我没有得到半点理解和同情，母亲盯着我，斩钉截铁地说：'除非我死了！'我想，这或许是我年轻时听到的最短但最有力的教导。"

比尔补充道："就这样，我继续留在学校。没有时间参加体育、音乐会、舞会等学校活动，也没有时间交朋友，更糟糕的是，我从来就不懂得怎样学习。事实上，四年中，我连一本书都没有带回家过。我只想考试及格、混个文凭，然后离开学校。"

"我渴望成功，但我连如何阅读、通过测验都知之甚少，更别提写学术论文了。在部队，我有幸获选优先参加干部培训，以便上军校深造。但第一轮测验就不及格，我想肯定要被赶走了。一天下午，我被叫到施瓦茨上尉的办公室，他当时担任预备军官班的指导员。"

"'贝瑞德学员，'他说。我想他的训话一定是要告诉我成为陆军军官的梦想已经破灭了。'你真是一块当军官的好料！'当时，我简直不敢相信自己的耳朵。'你身体强健，'他说，'而且能够赢得大家的尊重，你聪明、反应敏捷，掌握训练快，你会成为美国陆军卓越的军官。你的智商和领导天赋都很强，就是不知道该如何学习。'"

"当时，我兴奋得连自己的心跳都能听到。这位先生将给我人生中的第二次机会。他不在乎我做学生时的表现，而是关注'我将来能成就什么'。他花时间认识我的优势，帮助我克服那些会影响到未来成功的缺点。"

"'坐这儿来，孩子，'他指了指办公桌旁边的椅子，'我告诉你一些学习技巧：首先，别人上床睡觉的时候，你要保证自己还在读书，并且划出重点；其次，在每一节课上找到已经听明白教学内容的同伴，请他帮助你；第三，每门课都要做总结提纲；每读一本书，都要把新东西充实到提纲里；每听一堂课，都要把提纲完善一次；教官提到一本书，就到图书馆借来阅读，不断充实到你的提纲中来……'"

"上尉花了15—20分钟的时间告诉我如何学习。在学校那么多年，没有哪个老师这么仔细地关注过我，注意到我也有头脑，只是不知道如何使用而已。我的射击成绩从每百发中18—20提高到中90—95。因为有一个比我更懂得学习方法的人向我传授经验，我光荣地从军校毕业了。干部培训班开始时有63名学员，毕业时只剩下23位，而我是其中之一。有人信任你，这就是世界上最强大的动力。"

良师教给我们生活中的成功法则。苏格拉底是良师中的典范，他把自己比喻为"帮助头脑分娩知识和智慧的助产士"。你可以想象自己心怀梦想，而良师将新生的梦想轻轻放到你的臂弯，微笑着离去，帮助下一个梦想家催生希望。

公元前400年，希腊医生、内科学之父希波克拉提斯在描述担任内科学老师的体会时说："学生好像土壤，老师如同播种的园丁。老师的工作就是在适宜的季节播种，勤勉的学生负责松土施肥、修整土地、培育农作物。"

比尔·贝瑞德退伍后，回到了家乡北卡罗来纳州，并根据《退伍军人法》赴大学攻读工程学位。在那里，他遇到了佩姬·加纳，然后恋爱、结婚。

毕业后，比尔的第一份工作是担任北卡罗来纳州洛利市的市政官助理。

"比尔·卡珀是我的老板，"比尔回忆道，"他管理着南方的一个大城市，但几乎每天，他都会把我叫进办公室，在他的办公桌后面瞪着我大声问道：'比尔，你今天学到了什么？'，比尔·卡珀希望我能继任市政官。他是我的良师益友，每天都从繁忙的工作中抽出时间督促我思考、分析、增长见识、发挥优势。"

爱之愈深，教之愈多。奥古斯丁曾说："教育是最伟大的爱，爱是最佳的学习动力。"有人在后面加了一句："爱之愈深，教之愈多。"这些话常常激励着我。这一经典思想的另一种说法，成为我朋友的公司中最受欢迎的座右铭："他们不在乎你知道多少，他们只想知道你有多在乎。"

想想生命中最爱你的那些人，是不是教你最多的？对比尔和佩姬来说，在他们刚结婚时，佩姬·贝瑞德的父亲就充当了这样的良师。

"我的父亲总是让家人焦虑不安，也让我们对未来忧心忡忡，"比尔承认："但是在佩姬家里，我感受到了父爱。她的父亲 G.B. 加纳在洛利开了一家制冷设备修理店。当他穿着松松垮垮的裤子和工作服走在路上时，你可能会以为他买不起西装和领带。其实，他只是舍不得为自己花钱，而把钱全花在了家人身上。家里的每个人都有工作，加纳先生安祥的笑容常常使家里爱意浓浓，甚至感染着每一个路过家门口的人。"

"加纳先生的办公室就设在家里。他就像医生一样，将工具放在小货车里，提供 24 小时全天候服务。无论白天黑夜，饭店老板或杂货店店主们都可以随时来电紧急报修。白天，加纳先生会独自上门修理肉食冷冻柜或冰激淋机；而晚上接到报修电话，全家就会出动，随小货车一同前往。"

"我父亲认为，晚上全家都应尽可能地待在一起，"佩姬回忆说，"一旦电话铃响起，一家人都会自然而然地跳上父亲的老式小货车，在他工作时帮他拿工具、递饮料。完工后，我们就会到冰激淋店待上一会，犒劳犒劳自己。"

"你可以感受到加纳先生的爱，"比尔说，"他和妻子海蒂·梅都是了不起的人，他们把爱传递给了佩姬和我。现在，我们正努力把同样的爱传递给我们在安利事业中'认'下的'孩子'。"

良师有勇气面对冲突。奥古斯丁说爱有助于学习,这没错,但有时你也能从不喜欢你的人那里增长见识,毕竟,提意见有时也是一种爱。如果人们从来不关心你,他们根本就不会自讨没趣地告诉你错在哪里,应该怎么做。

有一位年轻人就教给了我这个道理。多年前,在里约的一次会议上,我心情烦躁,在屋子里来回踱步,言谈举止活脱脱一个暴躁的巴顿将军。当我做完讲演,准备回答大家提问时,人群中出现了令人可怕的宁静。没有一个人说话,他们只是礼节性地鼓掌,然后低下头或者将目光转移到别处。

"大家确实没有任何问题了吗?"我环顾四周,希望有人能站起来带头提问,但没有人说话。经过长时间尴尬的沉默后,有一个年轻人站起来,轻声说:"我不敢向您问问题。"他顿了顿,使劲咽了一下口水,然后鼓足勇气继续说道:"我担心讲完后,您会扯下我的裤子,让我赤裸裸地站在众人面前,最后尴尬收场。"

我这才知道,原来我回答问题的方式是那样令人难堪。这种回答非但没有分享信息,反而是拒人千里,因此,人们害怕和我沟通。尽管我并没有要控制别人的想法,但事实上我已经把他们逼迫到了不再真诚待我的境地。

这件尴尬的事发生在20多年前,但每当有人向我提问时,我都会想起它。那个年轻人的勇气改变了我的生活。从那天起,我尝试关注每一个询问我的人,尽力体谅对方的感受和处境,努力以理解和爱的态度来面对问题。

良师赋予自己价值

格雷格·邓肯是另一位成功的安利营销伙伴,他的故事深深打动了我,因为它给了我提升自己的希望。

"我们曾去过夏威夷海滨胜地,"格雷格告诉导演史蒂夫·泽欧里说,"我以前从来没和理查·狄维士一起待过。劳里和我在安利事业里还是新人,不好意思去约这位大忙人。听说他每天早晨都会去海滩散步,所以在夏威夷的第一个早晨,我就7点起床,沿着沙滩散步,希望能遇到理查,但没有遇到。第二天我6点起床,然而又没有遇到,最后只好放弃。当我来到宾馆餐厅,坐到面海的桌边独自进餐时,理查突然出现在我的面前,拿着个果盘,看着我。"

"'早上好,格雷格,'他竟然认得我也记着我的名字,'介意我坐下来吗?'我那时才28岁,劳里和我也是刚刚加入安利,理查不可能记得我的名字,但他确实做到了。我对这个事业有太多疑问,迫不及待地希望理查·狄维士能够给予指导。然而,他却让我独自在那里不停地说。我们共进了45分钟的早餐,而他几乎没有说过一句话。他只是接二连三地向我发问,提出一个接一个的小问题,直到我的疑问彻底解决。他让我明白,领导者更应当是倾听者,而最成功的良师应当懂得提出问题,而不是回答问题。"

"那天理查给了我一些终生难忘的建议,"格雷格回忆道,"'对于你在这种含苞待放的年纪所获得的成就来说,有种情形很是糟糕,'他告诫我,'这就是你或许会安于现状,并因此而停滞不前。'然后,理查将积极影响他人的梦想留在了我的心里,而我花了几年时间才相信这些梦想的确可以实现。'当一个梦想成真时,'他建议我说,'**要找到一个更远大的梦想来替代它。远大的梦想会使你永葆活力与激情。**'"

对大多数人来说,父母是第一良师。他们传授给我们的东西,被我们传递给下一代,进而传递给子子孙孙。

斯坦·埃文斯的父亲是一位农民。斯坦将自己多年后在安利事业中的成就,归功于父亲所传授的技能。"农民们经常互借设备,"他回忆说,"播种时,邻居会向父亲借用播种机,而我们也会在收割季尾向邻居们借用收割机。有时,我们的设备在别人归还时已经生锈、损坏或耗尽了燃料,但父亲归还他借来的设备时,那些设备总是比刚借的时候还要好。"

"'不要只做你应该做的事情,儿子,'他说,'应当更加慷慨,这样你的邻居会永远记住的。'"

"如果某件借来的机器由于父亲的缘故而损坏，"斯坦回忆说，"父亲一定会把它修好。如果设备需要修整，父亲会进行彻底检修。如果传送带老化了，父亲会更换它。如果轮胎被磨平，父亲会装上一个新的。当然，慷慨是必须付出代价的，但从长远来看，**慷慨为他带来了丰厚的回报**。"

"当用过设备想要付钱给邻居时，'父亲解释道，'他们总是会婉拒。因此在归还设备之前，我会把它们修好、加足燃料、清洗干净，以此表达谢意。一般人可能只会给机器抹点油、冲冲泥，'他解释说：'但我希望那个将设备借给我的人能记住，机器在归还时比刚借出时还要好。这样，当我再向他借时，他就会毫不犹豫地同意。'"

"通过这些经历，父亲教会了我要设身处地为别人考虑。"斯坦充满感激地回忆，"想让别人怎样对待自己，就先要怎样去对待别人。我将这一原则传授给了家人和事业伙伴，大家都受益匪浅。"

乔和西里尼·维克托也在家庭和安利事业中展现了"父母的影响力"。乔是俄亥俄州凯霍加福尔斯市的一名送奶工，他的梦想就是像杰和我一样拥有自己的企业。理发师弗雷德·汉森从沃尔特·巴斯那里了解到安利事业的梦想，然后他把这个梦想传递给在凯霍加福尔斯市的乔·维克托和西里尼·维克托，维克托夫妇转而传递给了儿子乔迪·维克托、罗恩·维克托和儿媳凯茜·维克托、德布拉·维克托。

"我还记得你将第一车产品运到我家的那天，"乔迪最近对我说，"当时我只有11岁。你让我给那批安利产品贴标签，每瓶付我五分钱。晚上我就躺在自己的床上，听着你同我父母、汉森夫妇、杜特夫妇一起商讨市场拓展计划。"他补充道："我虽然还小，但那个梦想已经深深地吸引了我。"

创业初期，我们的小型制造厂设在密执安州的亚达城，而主要销售力量则在俄亥俄州的凯霍加福尔斯市。为了适应快速发展的业务，西里尼·维克托将家中的樱桃木餐桌锯开，变成两张桌子给自己和乔使用。现在，维克托夫妇已经拥有一栋有多间办公室和会议室的复式建筑，取代了32年前由起居室改建的办公室和会议室。维克托夫妇代表家族中的一小群创业先驱，与安利公司签署了特许销售合同，并将梦想传递给了孩子们。显然，他们对孩子的教育很到位。如今，乔迪和凯茜、罗恩和德布拉也拥有了很成功的安利事业。

"当年我们住在凯霍加福尔斯市的一间狭小木屋里，"乔迪回忆说，"我们没有客厅，因为父亲把它改装成了办公室。我还是个孩子，每天都看到不少人从家门进进出出。在我童稚的眼睛里，那些消极的人变得积极，没有工作的人变得忙碌，绝望无助的人重新燃起了希望，这是多么令人激动啊！"

"是什么让这一切发生了变化？"乔迪突然站起来，激动地在屋子里踱来踱去，"因为我父亲——我心目中的英雄和老师——相信那些人，他感染着每一个人。人们竟然在一夜之间发生了改变。我是多么幸运，在很小的时候就能从旁观察，不断学习，也不断地改变自己。感谢我的父亲，也感谢维克托家族的人们，还有无数像他们一样在企业、家庭、学校、教堂乃至全世界各个角落默默无闻、无私奉献的良师益友们！他们改变了成千上万的人的命运！"

兄弟姐妹们同样拥有传递梦想、鼓舞和激励梦想家的伟大力量。比尔·贝瑞德就看着自己的兄弟加入安利事业并取得了成功。"佩姬和我都为我的兄弟鲍比和他妻子米茨感到骄傲。"比尔告诉我们，"当看到自己最爱的人取得他们从未想到的成就时，那种美妙的感觉简直无法想像。"

在开始了自己的销售事业之后，格雷格和劳里·邓肯将他们的梦想传递给了格雷格的兄弟布拉德。"格雷格不仅给我提供了一个生意机会，"布拉德回忆说，"也成为我和妻子朱莉的榜样和良师，他们美满的婚姻和家庭同样令我们羡慕不已。"

布拉德和朱莉·邓肯虽然是安利事业的新人，但他们取得的成绩远远高于比其年长、阅历更丰富的伙伴们。"虽然我们工作努力，"布拉德承认，"但如果没有格雷格和劳里的激励和指导，我们也无法成功。"

布拉德和朱莉·邓肯鼓励朱莉的双亲鲍勃和路易丝·艾卡德加入安利事业，两位老人也成功地创立了自己的分销企业，还带动了格雷格和布拉德的父亲大卫·邓肯——他是安利的另一位佼佼者，在安利及其他事业中取得了骄人的成绩。"成为一名自由企业家是我一生的追求，"老邓肯说，"我拥有自己的租赁公司和建筑公司，但这个特别的梦想是孩子传递给我的。"大卫和妻子达琳还发展了他们的三儿子德鲁成为我们中的一员。现在，他们整个家族在安利事业中都取得了相当高的成就。父亲的影响力，母亲的影响力，兄弟姐妹、子女的影响力……我们每个人都具备影响身边其他人的能力。"在你结婚生子以后，"比尔·贝瑞德提醒我们说，"你就不仅仅是同这些孩子打交道，而是还要同他们的孩子以及他们孩子的孩子打交道。无论你传授什么——好的还是坏的——他们都会代代相传下去。当你教导自己的孩子时，你会对你的孙子女、曾孙子女以及之后的每一代人都产生深远的影响。"

提防不称职的老师

还记得吉姆·琼斯这个名字吗？1978年10月，来自圭亚那琼斯城的一则新闻震惊全球，吉姆·琼斯牧师和人民圣殿教的近千名信众，在死亡圣餐中集体服毒自尽。他们在丛林中尸身发胀的惨状，在我的脑海中留下了不可磨灭的印记。

吉姆·琼斯及其无辜信徒的故事不断警醒我们，要提防那些不可靠的人，如果轻信了他，必将发生可怕后果。

可信任的良师不会滥用你的时间。吉姆·琼斯让他的追随者精疲力竭。人民圣殿教在搬到琼斯城之前，曾经在旧金山地区活动。吉姆·琼斯让他的信徒们日夜不停地工作，去帮助那些贫困、孤独、失业、吸毒、有犯罪前科、年老体衰或有智障的人，每周还要为附近的饥民提供数千份免费餐。

信徒们工作时间越长、越努力，就越容易变得精神疲惫。但在当时，并没有人知道这正是吉姆·琼斯的目的。因为即使是做善事，人在精疲力竭之后，也会失去思考、失去作出明智决定及保护自己和亲人的能力。

如果某个所谓的"良师"强迫你做能力范围以外的事，如果你正越来越感觉到疲惫不堪，一定要当心！

可信任的良师会鼓励你放松身心，他会肯定你的勤勉，但一定会在你超出能力极限时提醒你，并帮助你重新掌控生活。

可信任的良师不会滥用你的钱财。吉姆·琼斯很清楚，忙碌的人们没时间去支付账单和保证财务有序。他知道有很多信徒没有办法或根本不能保证收支平衡。所以,他建议所有信徒都将支票和存款归入教堂名下，声称这是"为了他们自己好"。他把持着信徒们的信用卡、抵押票据，甚至连股票和储蓄债券都转到自己的名下。就这样，他最终控制了信徒的财产，由此而控制了他们的生活。

如果某位所谓的"良师"妄图控制你的金钱，如果你发现他在欺骗你或暂时性地向你隐瞒某些你所拥有的东西，一定要当心！

可信任的良师会帮你管理好财务，但他会坚持让你自己做最后的财务决定。他会帮你实现财务独立，而不会为了一己之私而利用你的钱财。

可信任的良师不会滥用戒律。很多人不愿意自己作决定，情愿让比他强的人替自己决策。吉姆·琼斯正是利用了信徒们的这一弱点。他不仅告诉信徒什么是对、什么是错，还为其所犯的错误制定了各种刑罚，包括私下或公开的口头侮辱和身体虐待。他对信徒大声呵斥、羞辱，抽耳光，并让他们彼此抽打，而抽打常常会升级为殴打，信徒们生活在恐惧之中。

如果某位所谓的"良师"当众羞辱你，在言语或身体上以任何方式虐待你，一定要当心！

可信任的良师永远不会侮辱你，无论是在言语上还是肉体上。如果他不小心做错了并伤害了你，他一定会立刻向你道歉。可信任的良师会帮你提升自己，而不是摧毁你。他们的目标是让你独立,希望你依靠自己，而非依靠他们。

可信任的良师不会滥用性关系。吉姆·琼斯非常巧妙地利用性别特征来误导他的信徒。他会假意同情那些受虐待的妻子，给予安慰和关心。随着她们对他的日益信任，他就会利用这种信任从中取得更多的性利益。

如果某位良师想在你的生活中施加影响力，谋取性利益，以满足自己的欲望，一定要当心！

一位可信任的良师绝不会对你进行性侵犯。他的举止一定会非常得体，即使在你容易受伤害的时候，也绝不会乘人之危。

可信任的良师不会滥用私交。 吉姆·琼斯是操纵他人的高手。他赢得了一个个追随者的信任。他记得住每个人的名字，并且花时间同每个人单独相处；他喜欢散布流言蜚语，歪曲事实，并且在背地里挑拨朋友关系；他希望信徒们只相信吉姆·琼斯一人。所以他把信众同人民圣殿教外的亲友隔离开，然后再分化他们。

如果某位所谓的"良师"试图破坏你的人际关系，要你只相信他一个人，一定要当心！

可信任的良师会重视并促进你同妻子或丈夫、子女和朋友的关系。他会时常提醒你，人际关系的成功远比赚得百万美元重要。

可信任的良师不会滥用权威。 从一开始，吉姆·琼斯就试图破坏其追随者对以往权威的信任。他向信徒们描述父母是多么不可靠，并怂恿他们不再给家人打电话或写信；他嘲笑信徒以前的信仰和从小指引他们的行为观念；他抨击书本和图书馆（除非那些书是他推荐的）；他告诫信徒不要向他人提建议（除非是在引用他的话）；他也不允许信徒对其权威有任何质疑，并拒绝诚实地回答他们提出的问题。

如果某位所谓的"良师"拒绝回答你所提出的任何问题，试图切断你同外界的联系，一定要当心！

可信任的良师愿意回答你所提出的任何问题。他不会为你的问题所吓倒，而会竭尽全力地为你提供中肯、直接和全面的答案。值得信任的良师会尊重你本人、你的价值观、你的精神信仰和风俗习惯。他们会同你分享他的经验，并由你自主决定如何回应，他们绝不会轻视你，更不会贬低你。

称职的良师永远在成长

1927年，查尔斯·梅奥写道："对于病人来说，最安全的就是把他交给一位从事医学教育的人来治疗。而要成为一名医学教师，他必须始终做个学生。"那些在生活和事业中取得成功的人从不会停止成长。他们是伟大的良师，因为他们渴求得到他人的教导。他们的天赋和经历各不相同，却都遵循着一条金科玉律："爱他人如同爱自己。"爱会带来成长，这是良师成功的秘诀，也是自我实现与取得成功的秘诀。

比尔·贝瑞德或许没有从酒鬼父亲那里得到这样的爱，但在他小时候，祖父以行动为他诠释了会令一个人改变的爱的力量。他至今仍然记得，那天祖父将他抱在怀中，为他擦去眼泪，给他以希望，让他相信终有一天，生活会好起来。

"祖父的农场在北卡罗来纳州金斯敦的郊外，"比尔回忆说，"我还记得那些砖砌的狭小农舍，屋檐很宽大，环绕着整个屋顶，祖父的摇椅就放在那儿，好像庄严的王座。坐在摇椅上，你可以看到菜园子和制烟室，远远的烟草田、绿油油的草地，还有在静谧的小河边吃草的牛羊。"

"我对祖父——我平生第一位男老师——的最早记忆是在三四岁的时候。在那农场的黄昏里，祖母在厨房里走来走去，忙着烘烤馅饼，或从炉子里夹出烙铁熨烫衣服，而祖父则坐在他心爱的椅子上，听着老式收音机。"

"'过来，比尔。'当新闻播完，他会假装严厉地对我喊道。我跑到他跟前，他会用双臂把我突然抱起，高高地举向房椽，毫不顾及祖母在一旁的轻声嗔怪。祖父稳稳地举着我，开始哼唱他那首乡村版的《稻草里的火鸡》。我在他手掌里上下微颤，有点失去平衡，但只是略微有些害怕，因为我知道，在他那强壮的臂弯里，我会非常安全。"

"我六七岁的时候，父亲发起酒疯来让人不寒而栗，几乎要摧毁整个家。我们无时无刻不生活在恐惧里，害怕他发脾气。一天下午，祖父目睹了父亲的狂暴蛮横，然后严厉地说：'我要把这个孩子带回家，他要在我那里住上一年，或者更长时间。'接下来我记得的就是，父母将我的衣物装到一个小手提箱，然后带着我骑马穿过旷野，来到了祖父的农场。"

"经过漫长的旅途，我们坐下来一起享用周日的早餐，"比尔回忆说，"我仍然记得祖母做的奶酪饼干，上面涂满了自制的黄油和野生果果酱。

饭后，祖母回到厨房，而祖父则坐到前厅走廊的摇椅上。当时我只有7岁，站在前厅走廊上，感受着周围的宁静，欣赏着夏日蔚蓝天空中飘浮的朵朵白云。突然，我感到莫名的悲伤，从心底里涌出想要哭泣的冲动，我不知道这究竟是为什么。泪水在眼眶里打转，不论我怎么努力，还是禁不住夺眶而出。"

"忽然，祖父抱住了我。他轻轻地把我举起，抱着我穿过走廊。我坐在他的膝盖上，至今仍能感觉到他用粗糙的双手抚弄我的头发，仍能听到他喃喃自语：'会好的，孩子。一切都会好起来的。'"

"好一阵儿，我都僵直地坐在那儿。以前还真从未感受过父亲的拥抱，没有将头埋在他的胸前，或者在他怀里哭泣过。于是我渐渐地止住了哭泣，靠在祖父的毛背心上。就在那个神奇时刻，我听到了从未听过的声音——祖父的心跳。那是一颗宽宏大量、饱经沧桑的心，而且充满了爱。在那一刻，我幼小的生命中第一次感觉自己是被爱的，并且相信只要有祖父那样伟大的爱，一切都会好起来的。"

第10章

我们需要什么样的目标

> **信条10**
>
> 成功只属于那些拥有目标并为此坚持不懈的人。
>
> 所以，要订立短期和长期目标，把它们写下来，随时检查进度。达成目标要自我奖励，没有达成要自我反省。

雷克斯·伦弗罗在服役4年后，进入联邦政府工作。他对自己GS-3级别的书记员身份颇感自豪。虽然处在政府机关的最底层，但他没有接受过大学教育，非常庆幸能得到这一职位。他想只要努力工作，就可以升职到农业部。他猜想那时就会有足够的积蓄来开创自己的事业。为了实现这一目标，他愿意付出任何代价。

"在为联邦政府工作的那些年，"雷克斯回忆道，"我想象着只要努力工作、加班加点、不断提高自身技能，并忠于上司，就会赚到足够的钱，建立自己的小生意。转眼我40岁了，眼看着就要达到自己的目标职位，但此时，梦想却在我面前突然破灭了。"

有段时间,雷克斯的妻子贝蒂·乔·伦弗罗找了份工作补贴家用。后来，他们从格林斯伯勒的孤儿院先后收养了德鲁和梅琳达·乔，贝蒂便辞了工作，在家照顾孩子。

"我们决定，在孩子们没有长大成人之前，一定要有个人全天在家，"她回忆说，"或许这种做法已经落伍，但我们还是希望家中充满孩子的欢声笑语。我们希望，在德鲁或梅琳达擦伤膝盖或失去朋友的时候，我们当中能够有一个人陪在他们身旁。我们希望孩子们能够从我们这里学到爱的真谛和责任的意义，而不是从临时保姆或托儿所老师那里学到这些。"

为了贴补家用，雷克斯利用晚上和周末到加油站做服务生，负责加油、换油，并擦洗挡风玻璃。他心怀创业梦想，并愿意为之付出任何代价。政府派他到哪里，他就带着妻小搬到哪里，从北卡罗来纳州到新墨西哥州，再到南达科他州，最后是美国农业部在华盛顿特区的总部。雷克斯每天5:30起床，而经常到晚上6:30以后才回家。

"为了每周能赚到可怜的几美元，我熬过了26年奴隶般的日子，"雷克斯回忆道，"最后，我如愿地升到了GS-14职级。那些年，我一直认为，只要达到这个位置，就可以确保我获得足够的资源，进而为下一步创业打下基础，这就是我的目标。每上一个台阶，就更接近梦想。"

一天早上，阳光普照，但雷克斯·伦弗罗却并没有感到它的温暖和舒适，相反，内心却充满了忧虑与失望。他的职级在向上攀升，但经济状况却不如以前安稳。通货膨胀已经抵消了工资的增长。贝蒂·乔和雷克斯一点积蓄都没有，每到月底，都囊中空空。就在昨天，当雷克斯询问他的上级什么时候可以再次申请升职时，上级很遗憾地告诉他说："雷克斯，作为一个没有大学文凭的人，你恐怕已经无法再升职了。"

"我有一个梦想，"雷克斯回忆说，"就是拥有自己的企业。但经过了半生努力，我发现这个梦想根本无法实现。当上司对我说，不论我工作多么努力、多么出色，像我这样一个没有大学学位的人不会有更大发展空间时，我简直就像遭到了当头一棒。"

拥有自己的企业是一个伟大的梦想。雷克斯·伦弗罗想到根本无法实现这个梦想，一定是沮丧透顶。毕竟从他少年时代在北卡罗来纳州父亲的烟草种植园工作时，他就已经有此抱负了。

你也有同样的梦想吗？有些人几乎在瞬间便实现了自己的梦想，而像雷克斯一样的人，或许需要一个漫长而艰苦的过程。在回首往事时，我和杰也感叹让梦想成真花去了我们半生的时间。我们也走过很多弯路，还有过一两次灭顶之灾。

上高中时，杰和我就开始梦想共同拥有一家企业。放学后，我们经常在一起谋划未来。在杰念高四时，我们受雇于他的父亲，开始了首次创业的冒险之旅。他父亲有一家汽车修理厂和许多二手车。他要把两辆二手小型载货卡车运到蒙大拿州的顾客那儿。我们开着第一辆小卡车，兴奋地开始了长达4000英里、历时三周的西部之旅。我们在做生意了，我们在为自己工作，即使遇到爆胎或道路崎岖，我们也享受着旅途中的每一分钟。

第二次世界大战的爆发，给我们的创业之路带来了第一个重大的障碍。我们一起加入了空军，回家休假时又再次相遇，于是开始了第一次真正的创业冒险，在大急流市的考斯克公园，成立了一所飞行学校和一家飞行物品租赁公司。但我们遇到了一些问题。首先，我们两个人都不会开飞机。所以在服完兵役之后，我们花光了所有的积蓄，申请贷款，雇了一名飞行员，买了一架二手的[Q1]Piper Cub轻型飞机，挂起了"狼獾①航空服务公司"的大招牌。当我们得知城里的跑道不过是一条泥泞小路，便在小飞机上安装了漂浮筒，利用附近的一条河来起飞和降落。尽管很努力，然而我们的第一次创业没能取得成功。

利用空余时间，我们起草了第二份创业计划，即开办流动餐馆。我们在机场跑道旁边建了一间小活动房。在双日，我烤汉堡包，杰"开车"；在单日，我们对调。虽然赚不到什么钱，但我们在追寻梦想。我们拥有了自己的企业，并为自己工作。

1948年，杰和我买下了"伊丽莎白号"——一艘38英尺长的纵帆船。我们结束了所有生意，计划驾着它沿大西洋海岸航行，途经加勒比海群岛，最后到达南美洲，为期一年。这是一次有计划的旅行。我们学了有关船只特性和航行的知识，也学了关于船舶租赁和旅行业务的知识。但以前

---

① 密执安州又被称为"狼獾州"，故作者将其公司命名为"狼獾航空服务公司"。——译者注

从没有出海航行过，所以我们一手拿着航海手册，一手掌着船舵，开始了这次旅程。在浓雾笼罩的新泽西州，我们迷失了航向，搁浅在离海很远的浅滩。当海上巡逻队员用绳子把我们的船拖回大西洋海域时，他们都不由得感到吃惊。

我们学会了航海，可怜的伊丽莎白号却早已破损，船身上有一个很大的洞。在1949年3月的一个漆黑夜晚，我们从哈瓦那驶往海地，途中老帆船开始渗水。我们拼命向船外舀水，但不管多么努力，纵帆船最终还是在距离古巴北海岸10英里处，沉到了1500英尺的海底。后来我们被一艘美国货船救起，三天后从波多黎各的圣胡安上了岸。

"该找份工作，让自己稳定下来了。"一位朋友这样建议。但正如雷克斯·伦弗罗一样，我们仍然决心开创自己的事业，虽然无法预知未来，但我们仍在坚持。

1949年8月，在我们结束了厄运连连的航行回家后不久，杰的一位远亲尼尔·马斯坎特向我们介绍了成为纽崔莱经销商的机会。纽崔莱产品是一系列营养补充食品，它的说明书上有一句话——"健康生活，永葆青春"。我们在合作协议书上签了字，很快开始了第三次创业冒险。

几年后，我们为纽崔莱组建了一支出色的营销队伍。经过长期的努力工作，我们的业务蒸蒸日上。1957年，纽崔莱的创始人卡尔·宏邦（Carl Rehnborg）[①]邀请杰担任公司的总裁。杰在再三考虑之后，婉拒了这一邀请。

梦想再一次把我们连在了一起，不论遇到什么样的艰难险阻（或是给我们多么丰厚的薪金和舒适的办公室），我们都坚持要自己创业。1958年，我们宣布将开发自己的生产线。1959年，安利公司诞生了。在创立安利公司之前，杰和我花了近20年的时间尝试各种创业计划。而今，当我们回首从前，绝不会以赚得的数十亿美元来衡量自己今天的成功，我们的成功在于实现了自己的梦想。自始至终，我们一直希望拥有自己的

---

① 卡尔·宏邦（Carl Rehnborg），1887年出生在一个美国珠宝商的家庭。1915—1927年在中国上海生活期间，深受中医药理论的启发，萌生了有关营养素补充的想法，开始考虑如何对植物进行加工。1927年，卡尔·宏邦研制出世界上第一种多种维生素、矿物质营养补充食品，并将之命名为纽崔莱。——译者注

企业。

你的梦想是什么？也许你并不想拥有自己的企业，也许你喜欢在一家大公司工作，或是在自己的家乡，为一家出色的小企业工作。也许你想从事写作、做牧师，或是参加竞选，或许你已经选择了参军、加入警察机关或消防部门。**不论你是打算创业、展示自己的运动能力或艺术才华，还是为政府或私营企业工作，你都有机会一展身手，做一名企业家或一个勇于挑战人生的有价值的人。**不论你的梦想是什么，准则都是一样的。

首先，相信自己。积极的态度是相当重要的；其次，你需要一位良师来指导。当你有了正确的态度、朋友的帮助，你就可以行动了。现在，让我们郑重开始这一旅程，去大胆梦想吧！制订一套周详的实施计划，并努力实现它！不论你做什么，都不要受你周围（或你内心）那些负面因素的影响而放弃自己的信念，千万不要让"你会一败涂地"或"就算你不断尝试，在这样不景气的年代，也不会成功的"等观念影响到你。

追寻你的梦想。年轻的保罗·柯林斯坐在我办公室的椅子上。他有一个梦想。"我想成为一名画家。"他说，"这是我的一些作品。"保罗颤抖着双手把几幅油画放在会议桌上。油画上一张张充满活力、光彩照人的脸庞凝望着我。"棒极了！"我说。"谢谢。"保罗平静地回答。然后，脸上带着难以掩饰的笑容，他又说："它们的确很棒，不是吗？"

保罗·柯林斯的态度是正确的，面对一切成败的可能，他始终充满自信。他是一个黑人，在大急流市的中下层家庭里长大，身无分文。尽管老师们都认同他的艺术才华，但还是劝他去找一份"正当工作"，而把绘画当作业余爱好。保罗并没有听从他们的建议。既然老师不相信他，那他就自己相信自己。他有一个梦想，并且甘冒任何风险去实现。

老师们对他可没那么有信心，他们断言道："仅靠卖画，难以维生。"但保罗并没有理会他们。在18岁那一年，他卖出了自己的第一幅作品。那次小小的成功，更坚定了他以画谋生的信念。那天在我的办公室，当看着油画上一张张神采奕奕的面孔，看着创作者那双充满了生机和决心的眼睛时，我无需借助艺术评论家的眼光，就能得出结论：总有一天，保罗·柯林斯一定会梦想成真。

雷克斯·伦弗罗不像保罗那样有特殊的才华，他只是一心想拥有自己的企业。这也很不错。但事实上，雷克斯几乎一生都在拼命工作赚钱，他根本没有时间去试验这个梦想，审视自己的才华和寻找机会，更别提做出重要决定了。

一天晚上，就在雷克斯的创业梦想即将破灭时，他听说了我们的直销事业机会，然后开始了自己的事业，并出乎意料地取得了成功。安利只不过是数百万个让营销伙伴自己创业的企业之一，但对雷克斯·伦弗罗来说，它就像漫漫长夜后冉冉升起的太阳，为他带来了光明和希望。

你可以梦想拥有自己的企业，但你要坚持下去，并将它具体化。你希望拥有什么类型的企业？你希望如何度过一生？你喜欢从事什么工作？当我还是少年时，我并没有像保罗·柯林斯那样的艺术天赋（也没有拼命去完善自己的那点天赋）。当人们问起"你长大后想做什么？"我就很反感，因为我毫无头绪。但父亲传授给我一个关于工作的梦想，这是他从自己梦魇般的经历中感悟出来的。"自己创业，"他劝告我，"**不要为任何人，只为你自己工作。**"

19年来，父亲一直在通用电气公司工作。我念高中时，通用公司给父亲提供了一个机会，如果他接受在底特律的一个新职位，就可以得到晋升和更高的薪水。父亲爱大急流市，他一直扎根于此。他不想迫使家人和他搬到陌生的城市，在那里寻找新学校，或结交新朋友。

所以，父亲婉拒了这个大好机会。不知为何，他在大急流市的上司开始处处刁难，最后竟然解雇了他，毫不念及他多年的贡献。就在退休的前一年，父亲失去了工作、福利和退休金。从那时起，他满脑子就只有一个念头："**为自己工作，开拓属于自己的事业。**"后来，父亲对我的期待成为了我自己的梦想。但只有梦想还不够，杰和我必须制订计划来实现它。我们必须把它们写下来，并问自己："我们梦想的彼岸在哪里，我们该如何去实现？"

保罗·柯林斯的梦想是以绘画为生。杰和我的梦想先是成立航空服务公司，然后开一家流动汽车餐馆，再后来是成为纽崔莱的合作伙伴。雷克斯·伦弗罗只想拥有一个令自己骄傲的、可以提供一生收入来源的事业。你的梦想是什么？如果你还不确定自己想拥有什么事业，不要担心。如果你已经有一个梦想，哪怕只是轮廓，也要孜孜以求地去追寻它！如果你还没有梦想，或是你还不能确定它是否可信，以下问题或许能帮助你做出决定。

那个梦想是你真正想要的吗？如果你可以选择世界上的任何工作、任何职业、任何事业，你会选择什么？暂时忘掉别人对你的期望，包括你的家人、朋友或配偶对你怀有的期望，真正确定什么才是你自己想要的。要相信自己的感觉，培育那个能令你兴奋并使你对未来充满希望的梦想，哪怕只是一个念头。

法国哲学家布雷斯·帕斯卡尔曾说："感性自有其逻辑，无法用理性来解释。"不要听信那些阻碍你发挥潜力的声音，让心灵作主，聆听那些能够激发你伟大梦想的声音，然后勇往直前地追求梦想。

我父亲或雷克斯的父亲将他们的梦想传递给了我们，但这还不够。我们必须清楚，他们的这些梦想是否也是我们自己的。即使帆船沉没时，杰和我仍然很清楚我们想拥有自己的企业。

这个梦想是否有助于发挥你的天赋？有梦想是一回事，但有"真材实料"去实现梦想却是另一回事。或许海伦·凯勒很想开车，但让她在高速公路上驾驶会是相当危险的。失明使她无法做出某些选择，但她仍然拥有伟大的梦想。"如果世界上只有快乐，"她写道，"我们将永远无法学会勇敢和忍耐。"

不要担心能力有限，但也不要盲目。如果基础数学让你头疼，你可能无法成为一名量子物理学家；如果你已经 55 岁或 65 岁，可能终生无法成为一名职业篮球运动员；如果你晕血，那么就请你重新考虑自己想要成为一名杰出外科医生（或是屠夫、职业拳击手）的梦想。**一个梦想破碎了，就去建立另一个梦想。**

想想你擅长的事，想想你喜欢做些什么。你可能会说："我一无所长。"这是胡说八道！我们没有莫扎特那样的天赋，也只有少数人能像安德鲁·瓦茨一样琴艺精湛，我们无法和斯蒂芬·金一样写出最畅销的小说，但"天生我才必有用"。

大多数成功的人并不认为自己是天才,但这并不意味着我们没有能力、毅力或努力工作的品质。不要听信任何人说你没有天赋。你有!

有时,人们会把天才和努力混为一谈。确实有极少数天才能够不费吹灰之力就取得惊人的卓越成就,但如果所有的音乐家和作曲家都把自己同莫扎特相比,他们会感到气馁。当一些伟大的音乐家、运动员、作家、艺术家及企业家通过努力工作,挖掘了自己的"天赋"从而取得伟大成就时,我们有时却不能对此报以赞赏。维达·沙宣说:"不劳而获,只有在字典里能找到。"在你考虑自己的天赋时,请记住这一点。

想想你喜欢做些什么,对你来说什么很容易(并非因为它们不需要努力,而是因为你喜欢),别人说你什么事情做得好,这些有助于你认识自己的才华。如果把才华用在目标的追求上,成功的概率会让你大吃一惊。

雷克斯和贝蒂·乔·伦弗罗开始在华盛顿特区向朋友和邻居介绍我们的产品和事业机会时,仍在农业部工作,但晚上和周末,他会邀请人们听他的现场示范,并做电话跟进。终于,他在苦熬了26年之后,创立了自己的事业。这是一段艰辛的历程。不要相信那些在午夜电视节目中做秀的人,没有任何捷径能让你迅速获得财富和成功。虽然起步时艰辛而漫长,但雷克斯和贝蒂·乔知道,只要坚持下去,他们的努力必然会带来终生的回报。

"这些付出很值得。"雷克斯回忆说,"最后我为自己和家人建立了永远属于我们的东西。我半生都在为别人圆梦,现在才开始为自己的梦想投入时间和精力,并期待美梦成真。"

你是否拥有(或能否找到)实现梦想的资源?雷克斯热衷于安利事业的原因之一,就是它较低的加入门槛。"起步只需28美元,而且还可以退款,"雷克斯回忆说,"这点钱我还是能挤出来的。我感到很兴奋,轻松地问自己:投入就这么点儿,还怕失去什么呢?"

除了安利,有些公司的加入门槛也很低,但有些则比较高。你可以到特许经营展览会上去看一看,调查一下买汉堡包和比萨饼连锁店的价格,看看创业之初租用和装修办公室、门市部或工作室的启动成本,再加上办公设备、硬件和软件所需支付的花费。其实就连一部电话和一部传真机及500张商务名片也花销不菲。你是否能拿出这笔钱？这笔钱是你自己的，还是别人的？如果不是你的，你要付出多少代价才能还清？"我跟妻子加入安利所花的钱还不如结婚纪念日的晚餐费用高。"雷克斯回忆道。贝蒂·乔笑着补充道："并且，那家四星级的饭店也没有给我们提供退款保证。"

不论你选择什么事业，请确保有足够的资源来帮你度过创业初期和只有低收入（如果能有一些收入的话）的困难时期。

梦想是否与你的价值观相一致？梦想有时很危险，它们可能同我们的信念相冲突，甚至可能将我们带入深渊，并最终毁掉我们。事先一定要想明白，这条路究竟通向何方。如果你达到了目标，梦想得以实现，它给你或你所爱的人带来的是欢乐还是耻辱？

在这个国家的几个大城市中，一些年轻人以贩毒为业。既然贩卖大麻、可卡因和海洛因能够带来暴利，他们哪还愿意去卖汉堡包、报纸、汽车、房地产或者肥皂？可是，如果没有惨死在枪弹之下，终有一天，他们也必定会为当初的选择而感到后悔。

雷克斯夫妇以及我们所有人都必须问自己以下这些问题：

产品是否有益于顾客？我会不会用它？是不是有退款保证的物美价廉的商品？

产品介绍是否真实完整？说明是否清楚？我能否相信它？

事业机会是否有意义？是否公平？是否具有普遍性？是否进退自由？

人与人之间是否坦诚、公平、开放？同他们在一起我是否感到快乐？他们会给我、我的配偶和子女带来什么样的影响？

"回首从前，"雷克斯回忆道，"我发现自己的梦想里始终包含着人的因素。我希望拥有自己的企业，但更想拥有能够帮助别人的企业。当我们得知这是一项人人互助的事业时，心中的喜悦难以言表，"他补充说，"它的价值取向同我的价值观不谋而合。"

对你而言，这个梦想是否具有挑战性？不要订立那些太小或太安全的目标，要敢于设立超越你目前状况的伟大梦想。每个人都可以订立安全过马路这样的小目标，但要设立远大的目标，放眼世界。在你能取得辉煌成就时，为什么要满足于那些平庸的目标呢？相信自己！追寻你的梦想！这才是真正的大刀阔斧。然后，一切问题都会迎刃而解。

加入我们事业的大部分人都是以小的梦想开始的。这并没有什么不对，他们可能只是为了在我们的 3000 余种商品上获得低折扣，或者需要每月多赚四五百美元来支付账单，或是留出一点积蓄以备不时之需。

中岛薰曾经讲述过一个古老的日本传说。一位年迈的农夫带着他的狗来到森林，为了寻找失踪的财宝而在其中穿梭了 10 年。突然，那只狗停在一棵树下，在树周围嗅了好久，然后开始狂吠。老人知道这只狗喜欢吠叫，所以他继续往前走，边走边笑，以为他的狗会跟上来。但那只狗只是继续狂吠，老人停下来叫狗的名字，但狗还是不过来。老人开始大声喊，愤怒地挥舞着臂膀；最后他向狗扔了一根木棍，希望那只顽固的动物能够停止吠叫，听从召唤。当狗再一次拒绝上前时，老农回到榕树下，取出一把铁锹，开始挖土。经过半小时的挖掘，老人终于发现了寻觅已久的无价之宝。

"当有人对你说'不'时，"中岛薰先生解释说，"我会将它视为我们关系的开始，而非结束。就像那只狗，我会继续指点和呼唤。在经过一两周的等待后，我会做跟进。我的潜在客户可能会提出新问题。每个问题都为我提供了一个回答的机会。假如我不放弃，我的客户很快就会开始挖掘。然后，我所知道的就是，他会发现宝藏。对于大多数人来说，被拒绝就意味着结束。但对我来说，'不'是'是'的开始。"

完善计划，全力以赴！你已经拥有梦想，现在你需要一个计划，勾勒出你要去的地方。这个计划会为你提供衡量进步的方法，给你清晰的方向，增强你的目的性。

有些人拥有伟大的梦想，但他们从不制定目标和策略。没有计划，你只能在原地打转，虚度光阴。另一些人有计划，但不够充分，他们不了解市场如何运作，因而失败。

雷克斯认为他的梦想是拥有自己的企业，其实那根本就不是他的梦想。他真正的梦想是获得稳定的收入。

"我讨厌别人的限制，"他承认，"我的创造力太强、精力太旺盛，无法忍受自己的能力受到限制。我渴望主宰自己的未来，而这都需要钱。"

长远来看，雷克斯想要的正是我们每个人都想得到的，即保障财务安全的方法。要主宰自己的未来，就需要金钱，并不一定是数百万美元，但要足够支付账单，并可以留出一点存款以备不时之需。

不必羞愧于自己对物质财富的欲望。我们应该为自己正当赚得的每一块钱感到自豪，并充满感恩之心。你赚的钱会帮助你和家人改善生活质量，还会让你有能力帮助他人（如果你有同情心），帮助你身边和世界各地那些忍饥挨饿、贫困交加、流离失所和疾病缠身的人。

那么，你的目标是什么？你打算如何来实现它？

目标是什么？你可以随心所欲地来定义它："最终结果"、"根本目的"、"你努力的对象"、"你瞄准的靶子"、"你的努力将带来的结果或成就"。在头脑中明确目标，是让梦想成真、让计划具有可行性的第一步。

财务安全这一长期目标是通过制定并完成许多短期目标来实现的。创业初期，雷克斯每晚和周末从事直销，希望每月可以增加三四百美元的收入。当这一短期目标完成后，雷克斯夫妇制定了更高的目标，每月增加1000美元的收入。然后，当他还在兼职做安利时，又定下了与在农业部的薪水相当的目标。在实现了这一短期目标后，雷克斯辞去了政府部门的工作。那时，他们已经拥有了蒸蒸日上的事业，有足够的收入使自己享有财务安全。经过一个又一个的目标，雷克斯夫妇看到了他们梦想的实现。

约翰·西姆斯和芭芭拉·西姆斯加入安利事业是因为他们希望有更多时间相处。"我整天忙于家庭教师协会的事务，"芭芭拉回忆说，"单是在城里照看我们的孩子斯科特、卡伦和戴维就够我忙的了。而约翰把全部精力都花在管理他的汽车修理厂上，每天24小时都必须随叫随到。我们很少有时间在一起，更别说聊天、做计划了。"通过共同创业，他们实现了自己的目标。

杰克·斯宾塞是一名中学老师兼教练。他利用业余时间和深夜学习，得到了硕士学位。"我经常每天工作、学习17个小时，因为我坚信努力工作和更好的教育是取得成功的秘诀。"他回忆道。然而当完成硕士课程后，他非常沮丧地发现，所有努力的回报不过是每月增加25美元的实际收入。他和妻子马吉希望时间和精力的投入能够带来更多的回报，于是通过加入安利事业，他们实现了自己的目标。

戴夫·刘易斯和玛吉·刘易斯希望在他们居住的密执安州赫西村里，建立起成功的事业。"人们说成功不会在一个小镇里开花结果，"戴夫笑着说，"还说，我们需要到繁华的大都市去大展拳脚，实现我们的抱负雄心，只有那里才能让我们达到事业的巅峰。""我们热爱赫西这片土地，"玛吉补充说，"这里地方小，治安好，人们彼此关心，来往密切，我们希望孩子在这样的环境中成长。"戴夫和玛吉最终实现了他们的目标，建立了在任何地方都会兴旺发达的事业，无论是小城镇还是大都市。

每项成功的事业都开始于一个简单的目标，该目标很快会细化为许多短期和长期的目标。然而你必须为之付出一系列的行动，或提供策略以实现这些目标。

什么是策略？策略就是为实现目标每天应采取的行动步骤。记住这个公式：$MW = NR + HE \times T$！如果MW（物质财富）是我们的长期目标，那么自然资源（NR）、人力（HE）以及工具（T）就是我们用来实现目标的策略。

自然资源。大多数商品甚至服务当中都包含了对地球上自然资源的创造性使用。保罗·柯林斯的需求很简单：颜料和画布。我们在前面讨论过的一些成功的年轻企业家，为了取得成功，他们的商业计划都包含了多种自然资源：玫瑰、康乃馨和香薇（罗杰·康纳为他的幼儿园准备的）；鸡蛋、糖、奶油和各种天然调料（本和杰瑞）；散装的计算机部件（乔布斯和沃兹尼亚克）；甚至是母牛的粪便肥料（凯蒂克的孩子们）。安利公司和数千家其他企业将大自然的丰富资源转化成上千种神奇的产品，每天还会有人走进密执安州亚达城的办公室，向我展示可以提升人们生活质量的新产品。我向你挑战，请迎接挑战，去发明！去创造！去转变！去梦想！去释放灵感！去想象！去冒险！去尝试！这个世界还有很多丰富的自然资源可以供你创造性的头脑去开发、创造。努力吧！

人力。你是否在想："让我歇会儿吧！"像罗杰·康纳或本和杰瑞这样的人是幸运的，他们占尽了天时地利，幸运得令人难以置信，而我却远没有那么幸运。

运气的确是一个因素。但根据我的经验，是努力工作而非幸运为我带来了成功。斯蒂芬·李格说："我非常相信运气，但我发现，**我工作得越努力，运气就越好**。"

同其他资源一样，你的精力是有限的，不要浪费它，也不要低估它。制定一个计划去实现自己的梦想，要善于利用你的每一份精力。

在安利，人就是一切。一旦我们把自然资源转变为数千种产品，其余的就是让每个人去建立自己尽可能大的、利润丰厚的事业。

工具。工具让你的工作更轻松、有效和经济。想象一下，那些成功的企业家在实施计划过程中用了哪些工具。罗杰·康纳为了给花保鲜，四处奔走，租借或购买旧冷藏柜。本和杰瑞用大铝桶和搅拌机快速制作冰淇淋，提高了工作效率。乔布斯和沃兹尼亚需要用简单的工具和焊枪来组装电脑，而凯蒂克的孩子需要铁锹、手推车和烘干盘来开始他们的肥料业务。

需要说明的是，如果你计划提供一项服务（而非销售一种商品），最好考虑一下已有（或能够借到）的工具，将它们包含在你的计划中，以使你的生活更加轻松，服务更加高效。

企业家必须非常节俭，而且还应该极具创造力。他们开着旧汽车送比萨或药品，骑着自行车送报，用自己的电话作各种调查，用自己的钢笔、打字机或电脑来写剧本、谱曲、作诗，或制作传单及其他广告宣传。或者，他们还会用自己的割草机来开展园艺事业，在当地的学校旁边开一家洗衣店，用他们的洗衣机和烘干机作为店内的设备，或用自己的熨衣板熨烫衬衫。要想取得事业的成功，需要的就是一部电话、一个计划簿、一个存放产品和材料的地方，以及载着你的交通工具。你希望开创什么样的事业？你有哪些工具？充分发挥你的创造力吧。

即使你充满自信并拥有梦想，你还需要计划才能取得成功。大多数计划都包括了对自然资源、人力以及工具的创造性使用。现在，让我们进一步探讨计划是如何制订出来的。

大约 20 年前，保罗·柯林斯第一次走进我的办公室时，他有一个计划。"我想画非洲人肖像。"他说"我希望您能资助旅行费用。"尽管保罗满怀自信，坚信自己的梦想，但为了其职业生涯，他需要制订一个能盈利的商业计划。

"我可以资助你的旅行，"我说，"但我要你 50% 的作品。"保罗面色阴沉地注视了我一会儿。"50%？"他问。"50%！"我答道。"但所有的作品都是我独自完成的。"他抗议着。"可所有的账单都得我来付。"我回答。突然，他微笑着伸出手："合作伙伴？"他问道。"合作伙伴！"我握手同意。

保罗去了非洲，并带回了大量作品，每幅画都展露着他过人的才华，令观者为之动容。他的首次个人画展无疑奠定了作为一名美国杰出肖像画家的基础。但同时，他也证明了自己作为商人的精明。保罗的计划很简单。"我卖掉了属于自己的那部分作品，"他说，"并用那笔收入来旅行、建工作室、维持日常开销、继续作画。这些画全部卖完后，我过上了舒适的生活，而我的投资者也从中获利。"

"这是我的商业计划，"比尔·斯韦茨边说边递给我几张打印好的纸，"这是我创业所需要的全部，其中包括对预算的详细说明。"他是大学一年级的学生，几周前，他曾向我咨询创业建议。"到你家的后院去找吧。"我对他说。"那里全是垃圾。"他答道。我俩大笑，突然，比尔眼睛一亮。几天后，他带来了一个计划。

"我家的后院里堆满了财宝。"他大声说。"旧椅子、桌子、沙发、床架、床垫、梳妆台、电灯，还有地毯。"他兴奋地咧着嘴，笑着说。"家具是市场上最耐用的商品，"他继续说，"即使长时间下来仍有其价值。但是，"他补充道，"人们不愿意购买二手家具，因为只有在贫民窟才能找到那些东西，我要在一个整洁、安全、高雅的地方出售二手家具。这是我开始创业时一切所需的清单。"

我看着比尔的商业计划。大多数计划都回答了这些基本问题：何人、何地、何事、何时、何价。

我想做什么？

销售一种产品？

提供一种服务？
提升我的艺术才华或运动能力？
我应当怎样做？
采取哪些步骤实现我的目标？
谁能帮助我完成目标？
前进过程中需要什么人的帮助？
为了完成目标我都需要些什么？
我需要哪些自然资源？
我需要哪些工具？
在哪里我可以做得最好？
在一个我可以利用的地方？
在一个需要我开发的地方？
我做这些事需要付出多少金钱？
自始至终我一共需要多少资金？
我从哪里筹措这笔资金？
我自己是否有足够多的钱？
我是否需要借款？
我是否要为自己的想法找投资合伙人？
我需要多久才能收回成本？
我应要价多少？
我计划获得多少收入？

即使在最完善的计划中，你也不得不靠猜测来得出以上某些问题的答案，做一名企业家是要承担风险的。你要竭尽全力地起草一份完整而可信的计划。设定目标，制作一份条理清晰的策略表，仔细描述你计划如何完成这些目标。在每个策略的旁边都贴上标签，并排出你希望完成这些策略的时间表。然后将你的全部计划交给你的良师益友，听取他们的意见。

我快速翻着比尔·斯韦茨的计划，这份计划是隔行打字的，有四五页，回答了我以上列出的全部问题。同大多数业务人员（尤其是银行家）一样，我对最后几行感兴趣，也就是比尔认为他的计划所需的成本。"5万美元？"我低声说，略带惊讶地抬起头望着他，"那可是一大笔钱。"

"我知道，"他回答，"为了贷款，我走访了两位银行家，他们也这么说——他们都嘲笑我。"

随后，比尔承认，他希望我给那两位银行家打电话，告诉他们我可以为他的贷款作担保。我没有这么做，而是问了他一些问题。"为什么你的新店需要地毯，比尔？为什么不干脆用水泥地板？你要这些隔间做什么？为什么不做一个开放式的陈列室？还有，你真的需要三台计算机和两台收银机吗？开业初期，一台是不是就足够了？"

这次会面结束后，比尔的启动预算改成了5000元。没用我打电话，银行就爽快地同意投资。几年后，比尔·斯韦茨在四个州建起了20间家具出租展室。他制订了一个简单的计划，几经调整，获得了巨大的成功！

你的梦想是什么？

你是否有一个能够实现梦想的计划？

你的目标是什么？

你将采取哪些步骤（策略）来实现它？

第11章
我们需要什么样的成功法则

> **信条11**
>
> 正确的态度、行为以及承诺有助于达成目标。
> 所以，我们应该掌握这三项成功法则。

1970年对于年轻的保罗·米勒及他的北卡人橄榄球队的队友来说，无疑是最为激动人心的一年。在经历了一次严重的背伤手术后，保罗·米勒被医生告知："很遗憾，你永远都不能再打橄榄球了。"保罗心里却暗暗地认为医生错了。出院仅两天，他就穿着笨重的背部支撑器，开始了康复训练。在这一过程中，保罗表现出难以置信的坚毅。经过不懈的努力，他终于又回到了首发阵容。同年，在他的带领下，北卡人队参加了大西洋海岸冠军赛和桃子杯大赛。次年，他的队伍取得了更大的胜利。他带领球队获得1971年的鳄鱼杯，并入选最佳阵容参加在得州拉伯克举行的全美教练对抗赛，而球队的教练是大名鼎鼎的贝尔·布莱恩特以及博·斯坎贝克勒。

保罗回忆说："当时，我认为职业橄榄球球探将会接踵而至，邀请我加盟。但事与愿违，我没接到过一个电话或收到一封邀请信。此时，我才意识到我的比赛已经结束了，一切都得重新开始。然而不幸的是，我和很多同学一样没有人生目标。我考虑过经商和学法律，甚至到查珀尔希尔读完了法律学位，通过职业考试，并进行了16个月痛苦的实习，但没有什么能把我激发起来，直到我开始考虑自己创业。"

"我不知道自己在参加第一次聚会之前究竟喝了多少，"保罗回忆，"只知道当时我要迫不及待地赶到那儿。我们坐在后排，一个紧挨着一个，疯狂地哈哈大笑，最后，我花27美元买下了销售样品套装。回到宿舍，我脑子里一片空白，根本不知道该怎么做，更别提创业了。"

很幸运，就在第二天，保罗收到了一个陌生人要一箱洗衣皂的订单。但不幸的是，他还不明白我们的营销方式是上门推销。尽管得到了第一笔业务，但他从没想过电话确认这份订单或者将肥皂发送给顾客。

在与黛比邂逅并结婚几年后，保罗终于开始认真考虑自己创业。他回忆说："当时我在佩姬·贝瑞德手下做库管，每天的工作就是卸货、摆货、接收和填写订单。在这期间，我对该行业中像贝瑞德夫妇那样的成功人士进行仔细观察。黛比和我还经常参加一些会议，收听录音带，阅读书籍，直到我们的大脑塞得满满的。终于有一天，我和黛比开始行动了，我们静下心来从最基础的工作做起，直到我们的事业结出累累硕果，并最终梦想成真。"

在短短20年的时间里，米勒一家的安利事业已经取得了很大的成就。有人问他们是如何做到的，他们毫不犹豫地回答说："我们总是坚持做好最基础的工作。"

无论你想建立什么事业，基础工作永远都是最重要的。 在你前进的道路上，要始终铭记约翰·韦斯利说过的那句话："切忌被书本所吞噬，因为爱远远比知识更重要。"如果说我从这句话中学到了什么，那就是当所有的技能都爱莫能助的时候，努力工作（而且做最基础的工作）能够让我们安然度过难关。

逆境也可以成为朋友

劳里·邓肯16岁时遭遇了一场严重的车祸，头重重地撞在汽车的风挡上，撞碎的玻璃刺穿了她的面部。在脱离生命危险后，小姑娘开始了长达几年的整容之路。不难想象，对于一个十几岁的妙龄少女来说，看到自己脸上密密麻麻的伤疤是何等的痛苦。

劳里承认："起初，我真的希望自己已经在车祸中死掉。在医院的日子是痛苦的。回到学校后，老师和同学都用同情但有些异样的目光看我。那些曾经对我心仪的男孩子现在连看都不会看我一眼。每一次整容手术都像噩梦一样，让人痛苦不堪，脸上还会增加几条新的伤疤。无论我如何努力，都无法从悲伤的阴影中走出来。每一天，我都必须在镜子中面对自己的那张脸。"

人生中总会遭遇各种各样的不幸：生意失败、朋友离去、病痛折磨、死亡威胁、梦想破灭、不堪重负、忧心忡忡、伤心欲绝……

劳里充满感激地说道："如今回头看这场悲剧，我意识到它教给了我两门重要的课。第一是如何去接受无法改变的现实；第二是如何做出改变，让情况有所改善。"九年后，劳里与格雷格·邓肯成婚，组建了幸福的家庭，并共同创立了成功的事业。

格雷格承认："我们的成功大部分都要归功于'不以物喜，不以己悲'的心态。无论一帆风顺，还是荆棘密布，我们都能从容面对。这是劳里教给我的。如果把困境视为自己的良师益友，它就不会那么让人心灰意冷了。"

杰夫·摩尔是一名在部队服役的拳击运动员，如果当时不出意外，他肯定能够参加奥运会。然而越战爆发，在战场上，他乘坐的车触雷，耳膜由于剧烈的爆炸而破裂。战争的创伤让他从此结束了拳击生涯。在经过长达6个月的手术治疗后，他的耳朵没有任何好转。随后杰夫与安德烈娅·摩尔前往阿拉斯加，做输油管道方面的工作。在那里，他们买下一处房子并开始24小时出售食物及渔猎用具。当时他们已经背负了很重的债务，没曾想生意也遭遇了滑铁卢。

然而，他们并没有被绝望和恐惧所吓倒，反而掌握了在逆境中生存的本领。很快，杰夫和安德烈娅开始了他们的安利事业，他们不但还清了所有的债务，事业也同时蒸蒸日上。

杰夫说："无论遇到什么，我们从不轻言放弃。我们的生活不会因为不期而至的悲剧而停下前进的脚步。多年的奋斗已经让我明白，即使在遭遇不幸和挫折的时候，也应该勇敢地站起来，做该做的事情，而不是怨天尤人。"

如果你曾经遭遇不幸，要学会从那些艰难的岁月中汲取教训并重新开始。即使你没有大学学位，甚至连高中也没有读过，这些都不要紧。**最重要的是要利用你所拥有的，并将其发挥到极致。**即使你今天什么东西都没卖出去，那也没关系，也许明天你就可以。多想想能从这场悲剧中学到什么，让不幸成为你的良师益友吧！

基本技能最重要，要持之以恒

丹·威廉姆斯坐在路易斯安那州立大学的一间隔音棚中，医师正在对他的严重语言障碍进行检查。这种障碍意味着他在将来的社交及职业生涯中可能会困难重重，这让他很沮丧。但如今，丹与妻子邦妮·威廉姆斯已经拥有庞大而成功的安利事业。丹的口吃也只是一时让他们的梦想受阻。他经常会开玩笑说："在给我们打电话的时候，如果电话已经接通但并没有人应答，千万不要挂断，因为是我在接。"

语言障碍矫正师要求丹做一些能够克服口吃的练习。但丹回忆说："其实当时我已经知道真正有效的解决办法。我必须自己掌握能够取得成功的最基本技能，为实现目标，我必须花费一生的时间去练习它们。"

从一开始，丹就发现幽默是一项最基本的技能，它可以有效地控制口吃。他对此解释说："讲一个动听的故事能够让我感觉很放松，听的人也会有同感。"

邦妮现在也承认："如果有一天丹能够成为一名成功的演说家，那么任何人都可以。"她伸伸舌头补充道："那段时期，我们的业务之所以发展如此迅速，是因为人们从丹那里能精确地领会并且掌握他的计划，因为口吃，他每次在解释的时候，都要重复三到四遍。"

起初，丹记下并仔细练习每一则幽默段子。现在，演讲的时候，他能够利用这些信手拈来的幽默段子强调自己的观点。最终，丹赢得了人们对他的关注和尊重。

丹解释说："尽管如此，幽默仅仅是我必须学会和练习的基本技能之一。如何将自己的想法有效地传递给他人，是我学会的另一项基本技能。"他看看我，随后又说道："理查，我注意到，当你已经成为公司总裁的时候，你依然亲自冲咖啡，为大家提供甜饼，甚至清理房间，其实这些你本可以让其他人去做的。打造出庞大营销队伍的德士特·耶格在我和邦妮赶飞机的时候，亲自送我们到机场，并帮助我们提行李。时刻关注别人的痛苦、敏锐地觉察他人的需要，是任何事业取得成功的基本要素。我很早就意识到了这一点，而且我发现，对别人的需要越敏感，就越觉得自己的口吃不算什么。"

当比尔邀请丹·威廉姆斯向杰拉尔德·福特总统介绍与他共事的40名营销伙伴时，丹能够从容应对，没有一点口吃。通过对一些基本技能的学习和练习，丹已经摆脱了一直困扰着他的障碍。

比尔和桑迪·霍金斯是我们在明尼苏达的优秀营销伙伴。霍金斯一家通过反复实践一些基本技能，成就了很成功的安利事业。桑迪说："在生意上，你可以犯很多错。我确信自己也犯过很多错。但如果你走出去，找机会与别人一起分享你的财富，那么更多正确的事情将接踵而至。"

你的事业所要求的基本技能是什么？你是否曾尝试过列出清单，写明你取得成功必须要做的事？如果你真诚地反复实践基本技能，你的事业将会蒸蒸日上。如果你变得懒惰，日复一日地浪费时光，你只会走向失败。

每天执着地练习那些最基本的技能吧，你将会取得成功！

数好每一枚硬币

还记得佩姬·贝瑞德的父亲G.B.加纳，那个做冰箱修理生意的人吗？在1929年，他还是一个毛头小伙时，股市崩盘。他把宝贵的经验传授给了自己的女儿。

佩姬告诉我们："父亲教育我要对金钱负责任。他说：'如果你现在有钱，那么就应该为明天存一些钱。'"

这些年来，无论是国家还是个人，财政赤字都在不断攀升。我们应该记住一条古老的法国谚语：无债一身轻！而前巴尔的摩科尔特斯橄榄球运动员布莱恩·哈罗什安也说："以前，我一直提着一个有洞的钱袋子生活，直到有一天，我意识到我必须要自己去堵上这个漏洞。"

长期以来，我们都爱大肆消费，还幻想着有永远花不完的钱。而当要花钱的时候，我们是否该好好地问一下自己：我真需要这个东西吗？或许可以容后再买？我们是不是应该放弃信用卡透支，而改用存折提现消费？我今天、今月、今年又存了多少？我们必须学会用储蓄来衡量成功，而不是通过消费支出。

格雷格·邓肯问了这样的问题："如果去存钱，你会选择每个月存一万，还是选择第一月存一分，第二月二分，第三月四分，第四月八分，以次类推，一直到第三十个月？"对我来说，我真的想不出会选择哪一种，但格雷格会选择第二种。他说如果你每月所存的钱数是前一个月的二倍，那么30个月后，你的总存款将达到10737418.24元。

存钱应该从一分一分开始，抛开那些暂时的物质诱惑，为你的长期目标努力。起初你可能觉得没有什么，但长期下来，将是一笔丰厚的财富。

重要的事情重点去做

我们的朋友比尔·尼克尔森，曾经帮助安利公司经历了一段难以置信的快速发展时期，他讲过一个关于他父亲的感人故事。当比尔还很年轻的时候，有一次，他与父亲一起去钓鱼。平时，父子俩的生活都很忙碌，并没有太多的时间一起度过。对于他们来说，各自都有太多的事情需要去做，而且前面的路都很漫长曲折。那天在船上，比尔的父亲突然十分痛苦地抓住自己的胸口，他的心脏病犯了。比尔听到父亲说的最后几个字就是"不该是现在。不该是现在！"

马克·吐温曾说："今日事，今日毕。"但说得似乎有些绝对。我们为自己设定了一些长期目标，随后，每天都会有一些重要、紧急、关键的事情插进来，推迟我们的目标。**如果这个目标对你很重要，那么你今天就要想办法去做**。我们并不知道比尔的父亲在离开人世的那一刻心里到底在想什么。我们只知道他所说的话"不该是现在！不该是现在！"每次听到这个故事，我就会再次下定决心，立刻去做对我来说很重要的事情。

每一个人都有超乎想象的潜能

克里斯·克瑞斯特在演讲中这样说道："如果那两个来自密执安州大急流市的荷兰裔男孩，可以从破产和海难的遭遇中走出来，并且拥有一家价值百亿美元的公司以及一支NBA球队，那么任何人都可以做到。"

这种说法，我绝对赞同。

布莱恩·海斯正是通过一名卡车司机才开创了自己的安利事业。他回忆说："当时我认为他不过是个穷光蛋，只想赚点外快。我差点把他赶出去。但谢天谢地，幸亏我认真听了他关于安利事业的说明。"事实上，正是那位平凡的、默默无闻的卡车司机，让布莱恩成为摩托罗拉历史上最年轻的副总裁，并且和妻子玛格丽特共同拥有非常成功的直销事业。这让他们在财务上获得自由，而且还能从事慈善事业。

当丹和珍妮特·罗宾逊与理查德第一次见面时，对他印象并不是很好。"理查德是一名擦鞋匠，"珍妮特笑着回忆说："他甚至不会正眼去看你。当时他留着披肩发，凌乱的胡须看起来脏兮兮的，骑着又旧又脏的自行车，说话嘟嘟囔囔。但我们还是认真地向他介绍了安利，理查德和他的妻子当场就决定开创自己的事业。"

丹自己承认说："我们当时真的低估了理查德。在短短几周后，他刮掉了胡须，并且第一次为自己买了西装和领带。每次接触，目光中的自信都在增加。今天,他和妻子已经拥有蓬勃发展的生意以及一张新的房屋契约。"

不要以貌取人。始终要记住,那些你认为最有可能成功的人也许会放弃或失败,同样,你认为最有可能失败的人有时候反而能一鸣惊人,取得成功。所以,这些貌似"失败者"的人在取得成功的时候,当然会让你大吃一惊。

失败是成功之母

无论是在安利,还是在其他企业,那些在一开始遭遇失败,但随后又走向成功的故事,总是富于传奇色彩。

乔·佛格利奥的经历正是如此。他在圣地亚哥的一个夜晚去邻居家里讲述安利事业。当他正兴致勃勃地高谈阔论时,邻居家的大罗特韦尔牧犬突然钻到桌子底下,向他的脚就扑了上去。不久,他拜访了一位精神病医师的家,并被安排站在一个浴缸前面,对着主人及他的朋友进行销售讲座。他的第三次说明会是在一个黑暗的、孤零零的街区上进行的,当他走进去打开灯时,才惊讶地发现主人竟居住在用黄色警戒线封锁的房间里。他的第四次说明会是在一座闹市区的仓库中进行的。在讲座之前,他走进洗手间,一打开灯就发现浴缸中有一只两英尺长的大蜥蜴,正目不转睛地盯着他。

克里斯·克瑞斯特做过150次销售讲座,没有一次取得成功。杰里·伯古斯记得他在这个事业中的最初几个月简直就是一败涂地。他回忆说:"每件事情我至少要做错两次,只是为了确定这是错的。"尽管如此,克里斯·克瑞斯特与杰里·伯古斯并没有因此而放弃。他们犯的错误数不胜数,但他们总能从每一次错误中学到一些新的东西。他们不断审视自己失败的原因,并且继续努力,最终建立起了非常成功的安利事业。

弗兰克·莫拉雷斯曾用一个很可爱的小公式来帮助他摆脱失败的阴影。这个公式叫做"SW-SW-SW",即Some will, Some won't, So what？意思是说："有些人会感兴趣，有些不会，那又能怎样？"在弗兰克和芭芭拉的经历中，他们所接触的人中有1/3会表示出兴趣，而在这些人中有1/3会选择参与进来。而在参与进来的人中，仅有1/3的人会取得成功。对你而言，无论这个平均数是多少，都不要过多地担心失败。每一个向你说"不"的人，都使你更接近那些会对你说"是"的人，而后者的回答会改变你和他的一生。

有目标才会有一切

玛格丽特·哈代出生在西印度群岛，15岁时移居到纽约。她的丈夫泰瑞尔来自南卡罗来纳州的斯帕坦堡。他们从小就被教导说，黑人永远不可能取得白人所获得的成就。他们加入到安利当中，是因为我们对所有人都一视同仁。只要你有业绩，就会获得报酬，不论你的种族或信仰。

从事安利事业以后，哈代一家人依然被那些孩提时代的"忠告"所局限。儿子昆廷在很小的时候就喜欢上了安利事业，突然有一天，他扔掉我们的企业杂志《安利新姿》，眼泪汪汪地问父母："我们永远都不会成为杰出经销商，是吗？"

泰瑞尔解释说："玛格丽特和我突然意识到儿子说的是正确的。之所以如此，是因为我们从来就没有为自己设定这个目标。我们的确有自己的目标，但这些目标过低。就在那个晚上，我们一家人坐在一起制定了一个长远目标：12个月后，我们要成为安利的杰出营销伙伴。"如今，玛格丽特和泰瑞尔已经实现并超越了这个目标。他们的儿子昆廷已经从大学毕业，并拥有自己正在成长的事业。所有这些都始于整个家庭设定了目标，并不惜代价去努力实现。

我们所遭遇的大多数限制都是自己人为设置的。由于缺少清晰的长远目标，因此当目标没有实现时，我们没有理由感到惊诧。

你在今年的目标是什么？10年内的目标又是什么？你是否将这些目标写下？你是否把计划作成图表，并适时修正？如果没有目标指引，你将原地不动。这不能责怪别人，只能怪你自己。

有付出才会有回报

肯尼·斯图尔特白天从事他的建筑工作，晚上及周末则从自己的生意。而布莱恩·哈罗什安在为巴尔的摩科尔特斯队打球时，每周还要抽出两个晚上来完成大学的会计学位，并建立他的事业。阿尔·汉米尔顿在进行第一次讲座时过于害怕，以至于上台之前身体一直在发抖。尽管如此，他最终还是顺利完成了那次讲座。

在日本广岛，修二与花本知子希望脱离"狭小、奢华的牢笼"，到更广阔的蓝天中自由地翱翔。为此，他们不得不放弃固定的薪水、利润及分红，来开创自己的安利事业。更糟糕的是，当修二的父亲听说他将加入安利时，用了一句话来表达自己的愤怒和失望之情："不要踏进家门。"但花本修二拥有自己的梦想，为实现梦想，他甘愿付出代价。

这些人工作努力，做出了很大的牺牲，并且最终取得了成功。如今，他们财务稳定，工作时间更短，享受生活的时间更长。

你关心他人，他人也会关心你

顾客订购了5加仑的汽车清洗液，但斯坦·埃文斯并没有按时发货。当接到电话投诉时，斯坦毫不犹豫地承认了自己的错误，并许诺立即给他送过去。尽管远在200英里以外，但斯坦·埃文斯依然亲自驾车来回往返400英里，实现了自己的诺言。那位顾客永远都不会忘记这件事。

斯坦说："一诺值千金，承诺过的事情就一定要做到。人们希望你是值得信任的人。一旦他们信任你，他们将永远保持忠诚。如果我欠某人50美元，我一定会准时送到他的手上。因为我知道这样做，他们也会同样对待我、尊重我。"

比尔和佩格·佛罗伦萨的一对营销伙伴婚姻出现了问题，于是他们做起了这对年轻夫妇的思想工作。佩格回忆说："随后几个月里，我们花了数十个晚上来开导他们。我们的工作不仅仅是获得更多的生意，还包括帮助别人走在正确的生活道路上。"

比尔补充说："在这个生意中，我们已经见证了很多婚姻破镜重圆，家庭重新复合。因为我们将人而非产品放在了第一位。当流血停止、伤口愈合时，人们会以全新的面貌和承诺重新回到工作中，他们的生意也会因此焕发生机。通过帮助那些希望得到帮助的人，我们看到了自己的梦想得以实现"。

想做就做

耐克公司在时代广场悬挂着一幅足有8层楼高的巨型广告牌，上面写着"想做就做"。想一下我们有多少次犹豫不定，瞻前顾后，最终一事无成。伊索就曾说过："对于那些左顾右盼、思前想后的人，我真是无能为力。"

1979年，当与妻子珍妮特开始安利事业时，丹·罗宾逊还是个纸张批发商。丹回忆说："通货膨胀让我们的生意垮了。我们建起了自己梦寐以求的房子，但没有能力交税，于是不得不又把它卖掉。有些事必须要做而且要尽快做。"丹和珍妮特开始尝试加盟安利，从此以后，夫妇二人的业绩年年攀升。

当蒂姆·布莱恩看到我们的事业计划时，还是一名小学五年级的教师，而他的妻子谢瑞是律师事务所秘书。谢瑞回忆说："我只想呆在家里照顾孩子，因为我不想错过孩子的成长岁月。事实上，刚涉足全新的生意总是令人担心，但我们最终还是坚持了下来，并且没有走回头路，或对过去感到丝毫的遗憾。"

是否有令人感觉不快的任务在等着我们去完成？去做吧！

是否应该向前迈出充满风险的一步？去做吧！

是否有一个令你兴奋的冒险但你却害怕开始？去做吧！

你想开始创业吗？你想请求老板为你加薪或请求你的主管为你提供一个新的职位，或请你的同事将音响的音量调低一点，或者，或者，或者……去做吧！

如果你不采取行动，你永远都不知道。如果你现在不采取行动，你可能永远都不会行动。

关爱他人是成功的秘诀

汤姆·米克梅舒伊、肯·莫里斯、加里·斯米特、拉里·米勒、杰克·赖特、拉里·希尔，以及鲍伯和吉姆·洛克兄弟已经为安利工作了几十年。他们对杰和我、安利员工、营销伙伴及客户所付出的慷慨而富有牺牲精神的爱，教会了我们怎样去爱他人。

戴夫·泰勒提醒我们，所有的成功背后都有一条牢不可破的规则，就是"爱别人，利用金钱；而不是爱金钱，利用别人"。用爱心去对待客户、供应商、合伙人、同事、老板和员工，你付出的爱必定会有回报。

戴夫说："到哪里可以找到你的婚姻？到哪里可以恢复和增加你的自信？到哪里可以听到人们对你说'你是胜利者，你可以取得成功'？这些东西在学校的书本上是学不到的，甚至在我们的家庭也学不到。我们必须亲自去做。当我们做了，人们就会变得更加忠诚、更加努力，而生意也会取得成功。"

倾听良师的教诲

瑞纳特·巴克豪斯决定在德国开始她的安利事业时，已经是一名体育医学专业的实习医师。她说："我们参加聚会、体验产品并喜欢上了它们,我们学习了销售技巧,仓促上马开展销售,但遭遇了失败。"

"如今回首过去,我们很清楚失败的原因。当时我刚刚完成7年的研究生学业,并获得学位。我们两个人在大学的时间太久了,所以很自以为是,感觉自己好像了解所有的事情。我们并没有聆听前人的教诲,还自认为比他们要更聪明。当我们最终决定倾听他们的教诲时,生意也迅速取得成功。"

彼得和伊娃·穆勒-梅瑞克塔兹,沃尔夫冈与瑞纳特·巴克豪斯一起进入原东德地区,开创了很庞大的事业。巴克豪斯夫人承认:"如果没有良师的建议,我们不会取得成功。"

在契诃夫的《樱桃园》一书中,一位富有的妇女问一名年轻人:"你仍然是一名学生吗?"他的回答与我的答案不谋而合。"我希望在离开人世之前,自己一直都是一名学生。"杰和我已经成为公司中成千上万成功人士的良师,当我们用自己的经历教导他们时,他们也在用其经验教导着我们。

机会无处不在

杰克·道瑞说:"当学生准备好的时候,良师就会出现。"我反复推敲了这句话的哲理,机会其实就在我们身边,但只有有所准备,才能够抓住它们。

为可能出现的机会做好准备意味着什么?大学学位可能对你有所帮助,但这并不意味着它就可以让你准备好。金钱可能是重要的,但能为你铺平道路的并非是银行中的存款。那么,所谓"准备"是身居高位的朋友吗?是具有影响力的关系网吗?是让自己脱颖而出的简历吗?是堆积如山的推荐信吗?

所有这些都不是。当机会突然出现时,真正让你准备好去发现并抓住它的,是某种神秘而强烈的内心企盼:"我能成功,为了成功我要努力去做。"这是一种我们互相给予的礼物,有时也是我们给自己的礼物。当你经历财务窘境时，成功的机会一如既往地摆在你面前，甚至更多。时刻准备好，找到信任你的朋友，不久你就会相信自己。当机会来临时，那位"老师"就会出现，而你也准备就绪。

安吉洛·那丹在美国大学进行他的特殊教育硕士项目时，机会降临了，一位同学向他讲述了安利的市场和销售计划。他听后飞奔回家，同在国防部门任秘书的妻子克劳迪娅一起分享了这个消息。他们立即开始创业，在不长的时间内，就拥有了属于自己的成功事业。安吉洛建议说："掌控你的生活，掌控你所处的环境，永远不要让环境控制你。"

不可半途而废

杰和我刚开始创业时，我曾去凤凰城宣传安利的市场和营销计划。当时只有弗兰克·德利尔一个人来参加会议。他从另一个遥远的城市乘公共汽车赶到这里，还中途在一家商店用支票兑换了现金，以支付他的旅途开销。他知道自己在银行中并没有钱来偿还这笔债务，但还是准时出现在了会场上。

我本可以取消这次会议，向弗兰克道歉，随后登上下一班飞机回家。但我仍为弗兰克进行了完整的介绍。他很受鼓舞，热情地与我握手，随后我们互相道别。我认为那次旅行完全是失败。

但弗兰克回家后，与妻子丽塔分享了自己的这份热情。后来，夫妻俩开创了非常成功的安利事业。几年后，他及时偿还了所欠的支票。我称他"福星"，用来纪念我们那次相识。

在你开始一次新的尝试时，总会问自己是不是又犯了一个严重的错误。我有一位成功的企业家朋友称这段时期为"信任期"。回忆早期和妻子一起创业的情景，他说："我们工作的时候，感觉并没有什么方向可言，也看不到丝毫的进展。"的确，这是非常困难的时期，但它们终将过去。"你只要坚持住，"我的朋友建议说："继续做正确的事，好运就会来临。"

在读了不到一个学期的大学后，我放弃了学业，并且再也没有重返校园。对于这种放弃，我总是感觉不好。虽然，在我看来大学学位并不是在商业上取得成功的必要条件，但我真的希望自己当时并没有放弃。

在海伦和我有了孩子后，我们决定让孩子们获得大学学位。我们的儿子丹最先实现了这个梦想。当他以优异的成绩在诺斯伍德大学工商管理学院毕业时，我感到无比骄傲，特意邀请朋友、邻居甚至路人一起庆祝他所取得的成绩。

如今，所有的4个孩子都有大学学位，但我依然能够清晰地记得丹走上台阶领取毕业证书时的情景。我的儿子坚持到了最后。他用实际行动证明了自己的才智和决心。他在我放弃的地方取得了成功，对我来说，这是一种无上的骄傲。

那些很快就放弃的人，总是想知道如果自己没有放弃会是怎样。而那些通过忠诚的日复一日的工作、反复实践基本技能、拒绝放弃的人，终有一天会加入到胜利者的行列。

放弃是你与你的梦想之间最大的障碍。每个人不时都会想到放弃。但不要真去那么做。

为目标甘冒风险

"狭路相逢勇者胜！"我们公司每个成功的故事都证实了这句话。我还没见过有人在前进时不冒风险的。

对有些人来说，要冒金钱上的风险。安吉洛与克劳迪娅·那丹两人原来都拥有华盛顿特区政府中稳定的工作，但是他们对自己有限的收入感到厌烦。于是他们冒着失去稳定收入的风险开始了自己的事业，今天，他们在经济上取得了巨大成功，已经为某慈善组织筹集上百万美元的善款。

对有些人而言，要冒名誉上的风险。伊藤绿生于富贵之家，家族中的大人物包括日本前首相以及东京都知事。对于伊藤绿而言，经营直销事业，整个家族都感到脸上无光。但她冒了这样的风险，并取得了成功！

对有些人而言，要冒声望上的风险。在从事安利事业的时候，E.H.埃里克是日本一档流行电视秀的节目主持人。他不顾自己名人的身份去冒险创业，并且最终取得成功！

对另一些人而言，要冒安全感上的风险。30岁的弗兰克·莫拉雷斯原来是钻石国际公司的执行官。他的妻子芭芭拉是南加州国家银行的合作创始人及首席运营官。他们将这些放在一边，冒险创业并且最终获得成功！

俗话说：不入虎穴，焉得虎子。你的职业梦想是什么？你打算冒何种风险去追逐你的梦想？

一分耕耘，一分收获

大约3000年以前，所罗门国王曾写道："即使将面包投在水中，你也不会一无所获。"在古埃及，当尼罗河冬天的洪水开始消退的时候，农民准确地知道在什么时候应该将种子撒在薄淤泥层里。有些农民等待着更加适宜的时机，而另一些则在这里撒一点，那里撒一点，并且他们的愿望也最终得到满足。那些在恰当的时机、适宜的地点撒下种子的人，为自己确保了丰厚的收成。

还记得那个做过150次讲座但无一成功的克里斯·克瑞斯特吗？他自己回忆说："在那段日子里，我每天都要花两个半小时向别人解说。在长达8个月的时间里，每天晚上我都要出去，一晚接一晚，一家挨一家，但根本没有人理会我。"

克里斯解释说："但我对未来有一个梦想，一个非常宏大的梦想，以至于我根本没有退路。最终，我意识到光有梦想是不够的。我还必须先去聆听别人的梦想，以前总认为只要走进别人的家门梦想就实现了，但现在我发现要想真正实现自己的梦想，还必须在走进别人的家门后，想办法让他们对我说'是'，只有这样才能发生质的变化。在我讲完第151次讲座时，一对年轻的夫妇终于对我说'是'，这就足够了，原来的150

次已经成为了历史。"

在加拿大，安德烈与弗朗索瓦·布兰查德夫妇可以告诉我们很多关于播种的经验。当时，安德烈是家乡魁北克省一家杂货连锁店的主管。尽管只读到 7 年级，尽管英语技能非常有限，但安德烈在 1967 年每周仍可以赚到 97 美元。弗朗索瓦是律师事务所秘书，收入较多。然而即使把他们两个人的收入加起来，也仍然是入不敷出，他们根本看不到梦想成真的那一天。

"13 年来，"安德烈回忆说，"我们利用分分秒秒来播种，向数百人展示了安利销售和市场计划，打了上千次的电话，外出上千英里。说实话，有时候也感觉非常疲惫，一度想到过放弃。但我们从来没有停止过播种，当然收获也出乎我们的预料。"

如今，安德烈与弗朗索瓦的家坐落在山顶上，带有一座室内游泳池。他们取得了比获得财务安全更大的成就，布兰查德夫妇可以自由地和孩子在一起共度时光，并且投身到魁北克的儿童慈善事业之中。

正如一位先知说的那样："广播良种，你将获得一个大丰收。"也许还应该加上一句："如果放弃播种，你将一无所获。"

慷慨地帮助别人，奇迹就会发生

安利的营销伙伴包括各种肤色的人群，就像一道绚丽的彩虹。肤色和信仰代表全世界的各个城市和国家。关于施予我们没有任何规定，也没有任何参考标准。但经过这么多年，我们得到共识：**对有需要的人越慷慨，得到的回报越多**。

在开始直销事业之前，丹与鲁斯·斯特姆斯夫妇已经尝试过很多不同的职业。丹曾经做过福音歌手、牧师以及房屋建筑商。

丹说："德士特在一开始的时候就告诉我们：服务是成功的关键。他还反复告诫我们'生存的目的在于给予。'我们最终理解了这句话的真谛，我们的生活随之发生改变，生意也蒸蒸日上。"

16世纪，弗朗西斯·培根曾经说过："善业无疆。"试试看，发现一种需要并去满足它。想想为那些比你的处境更困难的人提供帮助，会给你、你的家庭以及你的事业带来什么。

迈好第一步

你可能会发现，生意上的成功者在行动之前，总是会询问和回答许多重要的问题。你是否还记得这些问题：何人？何事？何地？怎么做？何时？为什么？以什么代价？

琳达·哈特斯在和丈夫创业之初，对处理份内事务的能力缺乏信心。琳达说道："我发现只有自己准备就绪时，人们才会让我们为其效劳。开始我根本没能力做现在已经驾轻就熟的事情。**责任心来源于一点一滴的积累，如果你花时间和精力去学习如何完成每一项任务，那么成功将水到渠成**。我们为孩子们而努力，当他们入睡后，我们则在为整个家庭构建美好的未来。"

"距离并不重要，迈出第一步是最困难的。"谨慎地迈出第一步，确信你必须要做的事情，并且相信自己能够并且想要这样做。然后，你就可以将那些老问题搁置一边，开始你的冒险。因为在前面，将有太多的新问题等着你去解决。

友谊至上

当我回首在安利的往日岁月时，总会想起同杰·温安洛共同度过的那些时光，他是我终生的合作伙伴和交往最深的朋友。不论前面是失败还是成功，我们都会共同面对。虽然也会有争吵，但如果没有杰和我一起分享，生活将变得多么无味。

我们的友谊能够保持长久的秘诀，就在于从一开始我们就达成一致，绝不说"我不是已经告诉过你了吗？"当我们必须决定，但又不能达成一致的时候，我们之间也有过不愉快。有些时候，在做出决策后，我意识到自己犯了错误，但杰从来不会让我觉得自己很愚蠢或有负罪感。这些年来，我从来没有听他说过"我不是已经告诉过你了吗？"他对我始终充满了信任。

达拉斯与贝蒂·伯瑞德已经建立了一个完全以友谊为基础的事业。达拉斯对此解释说："我们发展友谊，然后在朋友中开展安利业务。我们与朋友取得联系，寻找希望获得成功的朋友。"

当成功来临时，我们希望和朋友一起分享。但同时我们不会强迫朋友去做他们不想做的事情。**千万不要将友谊当作是一种冒险或前进的筹码。如果只将朋友看作是一种商机，我们将会永远失去朋友。与朋友分享你的梦想，但同时还要明白，下一步要由你的朋友自行决定。**切记：友谊是至高无上的，否则你将失去朋友，形单影只。

这些年来，我在安利内外结交了成千上万的朋友。在我看来，与朋友在一起比赚钱更重要。当听到朋友去世的消息，我会感到无比悲伤。海伦·凯勒说过："听到心爱的朋友去世的消息，我感觉自己生命的一部分被掩埋了，但他们为我的幸福、力量以及理解所做的一切，将支撑我在这个光怪陆离的世界中继续好好地生活下去。"

你想在事业中有一位朋友吗？你用什么来维系友谊？你是否给朋友打过电话问候近况？你是否与朋友一起共进晚餐或午餐？你是否送花给朋友，或送一张令他感到惊喜的卡片，上面写着："嗨，朋友，我一直在挂念着你？"**每个人至少要有一位挚友，这是我们一生中最重要的任务。**在我们需要的时候，朋友能够给我们安慰和支持，能够帮助我们坚持自己的目标，能够信任我们！

近朱者赤，近墨者黑

大多数人都喜欢胜利者。安利也会表彰那些取得成就的人，为他们所取得的成就欢呼。

他们之所以是胜利者，因为他们相信自己。你与胜利者在一起的时间越长，你就会越来越相信自己也能成为一名胜利者。反之，与失败者在一起，结局则通常是悲剧性的。在莎士比亚名剧《亨利四世》的第一部分，年轻的王子拉着妻子跟跟跄跄地大喊："是我的伙伴，那些恶棍，将我残害到这个地步。"与那些哀诉者、挑剔者、爱发牢骚的人、悲观的人、唱反调的人、抱怨的人、种族主义者在一起，你的结局也会和他们一样。与胜利者在一起，有一天，你会发现人们为你欢呼喝彩！

身处逆境能够教会我们同情。我们学会寻找到希望，从缓慢的进展中学习耐心，避免自怨自艾。

海伦和我参加了汤姆与凯茜·埃格尔斯顿的婚礼，我们在10多年前就相识了。凯茜是一名儿科医生，而汤姆是安利的首席运营官，负责管理上万名员工以及遍布全球的数百万名营销人员。他们的第一个孩子詹姆斯·沃伦出生后，由于内脏压迫肺部，必须进行手术。大手术后，他在长达三年半的时间里不能用嘴吃固体食品。可以想象他父母当时是多么焦虑，直到他的小弟弟杰克开始吃东西时，詹姆斯终于摆脱了每隔4小时以胃管灌进高热量液体的进食方式。

13个月时，詹姆斯开始学说话。但他又遭受到间歇性呼吸停止的纠缠。一天早晨，父亲发现躺在婴儿床上的儿子浑身青紫。幸亏母亲用掌握的一些CPR（一种急救方法）知识救了儿子的命。但詹姆斯需要做气管切开术——持续数月利用插入颈部的管子保持氧气的供应。在此期间，他学会了在氧气罩里发出声音，就像在说话一般。

所有的这些复杂手术让他臀部错位、失去左膝十字韧带，尽管这些都不是致命的，但无疑为他以后的人生蒙上了一层阴影。一天晚上，在父亲给孩子们读故事书的时候，詹姆斯突然问："为什么他们有两条腿，而我只有一条？"他的父亲回答道："上帝造你时，由于他太爱你了，所以想把你身体的一部分留给自己。"

如今，詹姆斯已经6岁,学会了利用一些辅助工具（如轻便鞋或拐杖）行走。他喜爱体育运动，滑过雪，吃爆米花和热狗，还喜欢唱歌。由于脊椎严重弯曲，在晚上不得不穿着背撑睡觉以进行矫正。他说自己在第一天穿戴它的时候，感觉非常害怕。父亲告诉他："你是一位王子，所以需要盔甲来保护你。"詹姆斯回答说："好，现在，我还需要一匹马。"

像他的父母一样，詹姆斯能勇敢地面对问题。他没有抱怨，或大发脾气，或怜悯他自己。当然，这里也有悲伤、失望以及令人感到恐惧的时刻，但埃格尔斯顿一家知道他们将战胜一切。这对任何人都同样如此。

借口无益

唐与南茜·威尔逊回忆起他们创业初期失败的三个原因：

唐说：第一，我们没有足够的时间。南茜每天要做 10 个小时的护理工作，而我每周要带领学员训练 60—80 个小时。第二，我们没有将自己看作销售人员。南茜特别害羞，而我在推销产品时也常感觉难为情。第三，我们对成功缺乏必要的信心。"

南茜补充说："丹是运动员出身，而我又高又瘦，看起来像一个书呆子。我们对自己缺乏信心，所以我们也理所当然地被自己的借口说服。"

南茜充满感激地接着说："随后德士特·耶格出现了。他爱我们，相信我们能成功，还借给我们一些书和磁带。我们也向他请教生意的运作模式。当我告诉他不敢面对人群讲话时，德士特笑着对我说：'你只需要将台下的人假想为只穿着内衣的听众，就不会恐惧了。'按照他的方法，当我再次站在讲台上时，恐惧烟消云散，还差点笑出声来。"

"我们打了一些电话，"唐回忆说，"在一场又一场的业务讲解中取得了成功。每次成功都会给我们增添一点自信，同时，德士特始终信任我们、爱我们、教导我们、推动我们朝目标前进。"今天，唐和南希已经有了蒸蒸日上的安利事业。当他们不再为自己寻找借口时，生活也就随之进入了全新的篇章。

约翰·克罗是一位完全有理由自怜的人，但和威尔逊夫妇一样，他并不相信借口。1981 年 6 月 15 日，当他的妻子珍妮·贝尔正在同自己的父母和刚出生的儿子约翰·克罗三世共度周末时（他的儿子患有先天性的疾病），他正在附近的小镇上讲解销售计划。结束时已经是午夜时分，在回家的路上，他遭到四五名吸毒男子的伏击。他被强行带到了一间房子，劫匪威胁他如果不满足他们的要求，就杀掉他。

约翰说："我意识到他们可能会杀了我，于是设法抢到了离我最近的枪。在随后的混战中，我3次击中了其中的一名劫匪，但我也被一把左轮手枪近距离射中了头部和左手。警察赶到时，我已经奄奄一息，最后我被直升飞机送到附近的一家医院。仅仅在24小时内，朋友们就为我捐献了2000品脱血液。其中有很多人排队等待几个小时，希望有机会献出自己的血液拯救我的生命。在随后的6个月，仍有5000品脱血液指名是捐给我的。"

因为约翰可以认出那些罪犯，所以警方担心他的生命会再次受到威胁。安利的朋友不仅在医院日夜守护他，还安慰并保护他的妻子和家人。约翰解释说："在这次遭遇之前，我曾经是一名体操运动员。但现在，我瘫痪在床，不得不与命运进行抗争。"

在那些艰难、孤独的日子里，约翰始终记着自己在重病特护室的第一夜。那天晚上，他的良师比尔·贝瑞德坐飞机赶到了医院，并在中途接来了约翰的妻子和儿子。

约翰回忆说："我有一个简单的选择。要么为自己感到难过，从此放弃这项生意，要么怀着感恩的心，重整旗鼓，继续前进。在朋友的帮助下，我最终选择了继续前进。海伦·凯勒说过一句话，我把它贴在办公室的墙上：'如果你一直面向阳光，你永远不会看到阴影。'所以每一天，当阴影可能来临并把我的世界拖进黑暗时，我就会朝向阳光，这样，我的生活就再一次充满光明。"

尽管约翰·克罗已经瘫痪在床，但在妻子珍妮·贝尔的细心关爱下，成功地建立了自己的直销事业。约翰承认："我们这样做并不是为了更大的房子或汽车。当你刚出生儿子因食道太短而会危及生命时，你并不会在意什么凯迪拉克或宽敞的大房子。庆幸的是，财务上的安全感，使我们有能力为儿子提供他一生所需的护理和治疗。更重要的是，我们随时可以在他身边，给他关爱，让他保持坚强。"

罗马诗人赫瑞斯这样写道："抓住每一天！"借口就像伤口，流血不止，直到死亡，而时间却在分分秒秒地流失。你让自己继续尝试的理由是什么？你会因为自己的失败而责备什么人？"把握今天！"如果托辞挡住了你的去路，就必须把它罗列出来。向别人请教并解决难题，相信你自己并"把握今天"！

永不言弃

布莱恩·哈罗什安终于拥有了他想要的一切：与巴尔的摩科尔特斯橄榄球队的合约，美丽的妻子简和即将出生的孩子本。

布莱恩回忆说："几乎在一夜之间，我的完美世界突然土崩瓦解。科尔特斯抛弃了我，我失业了，没有能力找一份好工作。尤其糟糕的是，儿子出生后，没有双脚，还少了一只手。医生遗憾地告诉我们儿子患有罕见的'莫比斯'综合症。在全加拿大，仅有3例。"

"在随后的1979年，妻子开车时失控，与一辆时速65英里的卡车迎面相撞。我被卡在一旁，眼睁睁地看着妻子在我面前死去。在重病特别护理室里，医生告诉我脖子断了，如果能重新走路就已经很幸运了。"

布莱恩·哈罗什安说："连我自己都很难相信我还有什么未来可言。"但最终，他像凤凰涅槃一样从噩梦中解脱出来。他回忆说："这一点并不容易。如果没有公司朋友的帮助，我早就陷入了绝望的无底深渊。"

面对如此残酷的命运，布莱恩并没有沉沦下去。我们曾问他如何坚持度过了那段黑暗、孤独的日子。他告诉我："我必须一切重新开始。我很擅长打橄榄球，我可以在球场上拦截、阻挡和奔跑，但我对自由创业一无所知。于是，我如饥似渴地学习知识。我每星期阅读一本书，每天听一盘新磁带。我找到了良师和心中理想的人物，做自己喜欢做的事情。我并不害怕去问别人问题。我的思路很开放，并且领会能力很强，我一直相信自己。"

如今，布莱恩·哈罗什安拥有了成功的安利事业。美丽的妻子戴德丽和日渐成长的家庭。布莱恩15岁的儿子本也已经摆脱残障的折磨。如今，他不仅是出色的学生，而且还是充满激情的作家。

是什么让布莱恩充满信心？这很神秘。但对你来说，与布莱恩一样，这种神秘也是你开启未来的钥匙。如果你相信自己，你将取得成功。如果你对自己没有信心，就应该听从布莱恩的建议，阅读别人战胜困境的故事，倾听能够鼓舞你的磁带。**找到一群积极向上并且相信你的人。相信自己！**你将像布莱恩那样，从痛苦的深渊中解脱出来，让梦想成真。

小　结

一位老妇人站在门口，一手拿着抹布，一手遮住阳光，眺望远方。

"老师又来了。"她以母亲特有的抱怨口吻嘟囔着。

唐·威尔逊从他破败的小农舍中冲了出来，一辆加长的白色汽车正朝着他们的方向，停在乡村的路边。

唐回忆说："从某种意义上说，我母亲是对的。德士特·耶格是我早年的良师，随后我又遇到了其他几位重要的良师，包括理查·狄维士和杰·温安洛。而德士特几乎教会了我关于这项生意的所有基础知识。"

唐是一名高中老师兼学校的篮球教练，同时还负责镇上的儿童田径项目。而他的妻子南茜当时已经在新罕布什尔的一家大型医疗机构工作多年，她是一名照顾心脏手术病人的护士。威尔逊夫妇在各自的工作中都学到了很多东西，并且经验丰富，但两人的薪水加在一起依然入不敷出。

唐回忆说："如果再多一个孩子，我们就穷得够格去领食物救济补贴了。于是我们与安利签订了合约，希望拥有一份事业，可以提供稳定而可靠的收入。"

南茜承认："我们一开始，就彻底失败。丹曾经形容我们是90天的游荡者，在进入该行业的90天后，我们开始想我们到底在做什么。在29个月后，我们依然不能以此来谋生。随后，德士特·耶格找到我们，给我们指点迷津。"

唐充满感激地说:"他相信我们,相信如果我们持续学习一些最基本的技能,一定会登上顶峰。"德士特·耶格清楚梦想的实现并无捷径可走。在各行各业要想大展宏图,就需要学习和实践一些特定的技巧和原则。德士特将他的技巧和原则传授给威尔逊夫妇,他们不断坚持,最终构建起自己的成功事业。

此时缅因州的乡间农舍已经成为历史,行驶了171000英里的棕色旧跑车已经报废,堆积如山的账单也已经还清。在德士特·耶格的帮助下,唐和南茜最终取得了成功。

一次,唐、南茜与父母共进晚餐。威尔逊的母亲在回忆第一次见面时的情景时微笑着说:"我担心他是一个想从你那里得到什么东西的所谓的老师。"唐回答说:"他的确是我们的良师,他教会我们如何拥有成功的事业。"

南茜补充说:"他的确想从我们这里得到些什么,那就是我们最出色的一面。"

还记得前面提到的保罗·米勒吧。在他与北卡人队享受冠军赛季期间,球队的更衣室助理是莫里斯·梅森,他是一位聪明的黑人,已经为一批又一批队员服务了40年。

保罗回忆说:"他用一生的时间帮助运动员和教练。我来到教堂山时还是一个孩子,感觉有点自卑,担心自己永远都没有能力组成一支球队。但莫里斯·梅森每次总是看着我,称我米勒先生,他给予我成功的勇气。他为我们所做的不仅仅是递毛巾或帮助我们按摩,在压力和紧张的气氛中,他友善的话语和温暖的笑容抚慰了我们的心灵。"

1982年,当保罗和黛比·米勒听说莫里斯·梅森将要退休的时候,他们决定以他的名字捐赠一笔奖学金,以表达对他的敬意。大学领导安排了一次宴会来表达对梅森多年服务的谢意。来自南加州大学的运动员和教练员重新回到教堂山,欢聚一堂。

黛比说:"那个夜晚让我永生难忘。保罗和我与梅森和他的妻子坐在一起。当'莫里斯·梅森纪念奖学金'被宣布的时候,大家纷纷起立鼓掌。

梅森坐在那里，有点不知所措。他在微笑，但泪花已经从他的脸颊滑落，打湿了他的灰色西服。最后他站起来说：'谢谢，非常感谢！'"

保罗在致辞中说："今晚，在这座小宴会厅里，我看到了仁爱企业家的力量。我可以忘掉一切，但将永远记住梅森先生充满泪水的双眼。那好像在说'我的名字！所有这所大学的孩子，都将记住我的名字。这简直太让人难以置信了！'"

对于唐和南茜·威尔逊夫妇，保罗和黛比·米勒夫妇以及数以百万这样的人而言，在他们开始认真思考安利事业时，所有的一切都在发生着变化。他们学习基本技能并执着践行，而其余的都如他们所说，已经成为过去。

你也能成功，抓住每一天，找到你的良师，学会成功的基本准则，并将它们应用到你未来的工作中。能够让自己梦想成真并帮助别人梦想成真，我们还有什么不能失去的？

第四篇
达致目标

**PEOPLE HELPING PEOPLE
HELP THEMSELVES**

第12章

为什么要帮助他人自助

信条12

要帮助他人实现自助。我们花时间和金钱去指导、教育和鼓励他人,只是偿还了一点点他人对我们的施予。

你可以帮助哪些人达到目标,梦想成真?

威利·巴斯出生在北卡罗来纳州的贫民家庭,尽管只有52岁,但已经老态毕现,岁月的磨砺似乎对他异常苛刻,脸上因无数次打架而留下的疤痕纵横交错。他自嘲地说:"它们之间看起来很亲密!"

威利是电焊工,每天的工作就是戴上面罩,蹲在地上,用焊枪对着一堆堆炙热的钢铁。日复一日,年复一年,被焊枪汽化的金属及有害气体不断被吸入肺部,他的肺功能已经降低了一半。

生活的磨砺让威利更加坚韧。他将自己的全部心血奉献给了妻子娜奥米和唯一的女儿。威利是家庭的支柱,所以即使医生警告他不能继续从事焊接工作,他还是拒绝辞职。每天他都拖着沉重的步伐,气喘吁吁地赶到公共汽车站。苟延残喘地继续着这种生活。戴上面罩,拿起电焊枪,为了自己深爱的人吸着那些致命的毒气。他宁愿自己累死,也不愿让所爱的人失望。

威利一家住在一座破旧的房子里。尽管每月需支付的贷款只有112美元，但如果辞职，能获得的失业救济金也只有可怜的186美元，全家无法靠这点钱来维持生计。他发现自己在绝望的深渊中无助地挣扎，但他还是必须努力，因为他是全家人的依靠。每天早晨他都步履蹒跚地去上班，晚上拖着沉重的步伐回到小小的家里，他快被生活累死了。

我们能为威利·巴斯做些什么？

我们可以假装视而不见，若无其事地从他身边走过。

我们也可以把威利作为慈善救济对象。当看见他站在高速公路旁边，虚弱的双手举着一个写着"失业，找工作养家糊口！"的牌子时，我们落下车窗，施舍给他一块或五块钱；或是希望某个福利项目能救济他，给他一些食物券，为他的家庭提供暂时的住处。

或者我们还可以帮助威利自助。罗恩·哈尔在24年前就是这样做的。他和威利·巴斯是邻居，经常能看到他步履蹒跚地走到公共汽车站的情景，他走路时与地面摩擦的声音让罗恩记住了他。哈尔夫妇也是在发现自己身无分文时，开始自己的安利事业的。随着对威利了解的逐步加深，他们强烈意识到自己是多么急切地想为威利找到一种摆脱恶性循环的办法。最终，夫妇二人决定竭尽所能帮助威利实现自助。如果威利同意，他们就可以成为他事业上的良师益友。

吉姆·弗洛尔是加利福尼亚州天然气公司一名成功的公关经理，负责公司与洛杉矶市议会、市长办公室以及洛杉矶县议会之间的联络工作。与威利不同，吉姆与马吉·弗洛尔的生活很优越。他们在美丽的洛杉矶郊区有一座大房子，吉姆有可观的收入、补贴以及数额不菲的银行存单。

从表面上看，没有人会拿吉姆·弗洛尔与威利·巴斯进行比较。但从更深层来看，吉姆并不满足于现状，也并没有实现自己及家庭的梦想。佛瑞德·贝格达诺夫是吉姆的同事和朋友，他已经建立起自己的事业并从中获利，他将自己所从事的事业介绍给了吉姆。

如今，15年过去了，神奇的事情发生在了威利·巴斯和吉姆·弗洛尔这两位生活轨迹迥异的人身上。我希望发生在他们身上的事，能坚定你成为一名良师的决心，同时激励你加入到帮助他人实现自助的行列中，这将是多么令人激动啊！

步骤1. 良师相信人们具有成功的潜力

罗恩回忆说："在我们眼里，威利并不是一个失败、无能的老人，而是一位迷失方向的人。如果我们帮助他，他很可能又会回到正确的道路上来。"

佛瑞德回忆说："吉姆和马吉·弗洛尔是两位和我们一样的人，用任何标准来衡量，他们都是成功的，并且雄心勃勃，他们拥有很大的梦想，但不知道该如何实现它。"

那些帮助他人自助的人，首先必须以仁爱的眼光来看待别人。无论我们把生活弄得多么混乱不堪（或不论生来就处在一个多么糟糕的环境中），无论你的人生多成功，我们每个人都应相信自己有更多的能力与价值。在罗恩出现之前，几乎没有人相信威利的潜力，包括他自己。罗恩认为威利的过去是束缚他取得成功的障碍。任何一个努力工作以坚守对家庭承诺的人，都有其特别之处。他信任威利，对他的未来充满信心，并且愿意身体力行地去实践这种信任。

对于佛瑞德而言，信任吉姆·弗洛尔要容易得多。因为吉姆肯定能在成功的基础上更上一层楼。尽管如此，劝说吉姆继续前进也并不容易。为什么要开始新事业，冒新风险，在荆棘密布的道路上继续攀登？那不是自找麻烦吗？吉姆有太多的理由说不，所以如果想成为吉姆的良师益友，佛瑞德就必须克服这些阻力。

尽管威利与吉姆的差异显而易见，但他们有一点是相同的，这就是有人相信他们具有成功的潜力。对于威利、吉姆及其他成千上万的人而言，当某个人对你充满信心的时候，一种全新的，一生给予的生活方式从此开始。

步骤2. 良师有勇气告诉一个人拥有潜能

相信威利的潜力是一回事，但如何说服威利是另一回事。无论你对某人如何充满信心，在你告诉他并帮他建立起信心之前，一切都只是想法。

在几个星期的时间里，每当罗恩与威利谈论关于拥有自己的事业以及随之而来的希望和自由时，威利只是笑着摇头。威利并不盲从，他很清楚这样做的胜算有多少。在目前的年龄以及身体状态下，创业对他来说似乎是可望而不可及的事。但哈尔夫妇通过不懈努力，逐渐让威利有了信心，并最终被说服。

吉姆回忆说："当加利福尼亚州天然气公司的同事佛瑞德·贝格达诺夫第一次邀请我见面谈论如何创业时，我答应他一定赴约，但最终并没有露面。老佛瑞德下定决心要指导我，他提出了让我无法拒绝的建议。他冒着遭遇尴尬和拒绝的风险，亲自来我家讲解销售计划，尝试说服我们。"

在那两个半小时的讲解中，佛瑞德的紧张可想而知。吉姆尊敬并感激佛瑞德对他的关心，也知道了这项事业是如何运作的，但他告诉佛瑞德自己没必要去开展这样一个事业。

吉姆现在承认："实际上，我很需要财务安全，因为只有这样，一个人的自由才能得到保障。但当时我没有勇气向他说明我的这种需要。因为我们既是同事又是朋友，我的虚荣心让我没法诚实。"

大约14年后，吉姆与马吉·弗洛尔已经在安利取得巨大成功，他们经验丰富，事业有成，也成为别人的良师益友。吉姆承认："当佛瑞德决定帮我时，他经历了良师益友必须要克服的两个主要问题。"

首先，人们通常不愿意承认他们的生活并不是所梦想的状态。面对这种阻力，良师益友必须诚实而有耐心。**良师益友首先应该讲述自己的故事，解答他们的疑惑，承认自己的缺点。同时，要给他们充分的时间，不要操之过急。**一旦他们真正信任你，就会很自然地承认他们的需要。

良师益友所遇到的第二个问题，是如何让人们打开心扉接受新事物。英国小说家罗莎蒙德·莱曼这样说过："你可以为别人提供机会，但不能使人人机会均等。"千万不要操之过急。清晰地说出你的观点，随后给他们充足的时间去思考。用自己的经历去循序渐进地打动他们，直到有一天他们也茅塞顿开。

威利·巴斯与吉姆·弗洛尔是两个情况截然不同的例子，但他们的良师益友需要克服相同的困难。庆幸的是，罗恩与佛瑞德有足够的耐心，一直等到威利和吉姆的顾虑、问题及恐惧全部消失，才真正开始帮助人们自助。

步骤3. 良师提出切实可行的方案并付诸实施

罗恩·哈尔承认："我花了整整三个月的时间来说服威利。"他回忆说："并用大约八九个月时间，帮助他寻找合适的顾客，代他发言或进行宣传，跟进那些对产品有问题或感兴趣的潜在顾客。"

在罗恩指导威利的同时，佛瑞德·贝格达诺夫也全力指导吉姆·弗洛尔。虽然佛瑞德在这方面也是个新手，但他非常聪明。当不知道如何回答吉姆或马吉·弗洛尔提出的尖锐问题时，他就向经验丰富的人去请教。佛瑞德还送给弗洛尔夫妇关于商业视角及个人激励的磁带、书籍、小册子，邀请他们参加集会，让他们学会如何建立成功的事业。

对于良师而言，开始的几个月需要长时间努力工作。帮助人们自助的工作很耗时，对耐心也是很大的考验。毕竟，威利·巴斯这些没有自信的人，就如刚出生的婴儿，在他们会自己吃饭之前，需要别人去喂；在学会走路之前，也需要人抱着。更重要的是，他们需要更多的拥抱和爱抚。而弗洛尔夫妇，虽然对自己充满信心，但对这个行业一无所知，所以必须用心地呵护。

吉姆·弗洛尔提醒我们："在这个竞争如此激烈的世界，任何人凭借一己之力取得成功都是很难的。不仅是起步阶段，在所有遇到困难的时候，我们都需要互相帮助。要使人们意识到，我们一起工作会更有力量和更有效率。这就是这个事业的神奇之处。吉姆补充说："良师很快就会发现自己也在学习，每个人都受益匪浅。其实，帮助那些自助者的结果，永远都是双向的。"

后来，威利终于鼓起勇气要亲自进行讲解。罗恩回忆说："威利的第一次讲解是个很疯狂的'故事'。由于肺部长期积劳成疾，他发出的声音虽然有力，但听起来断断续续。他从来没有上过演讲课，也不是那种圆滑的销售员，甚至没有什么日常的社交礼仪，但他讲的内容很直接，都是质朴的真理。他的语言非常"多彩"，经常会用一些充满激情的修饰词，而大多数人永远不会把这些词用到肥皂或汽车增光剂这样的产品上。"

威利的第一次表现非常成功，并不是因为他机灵，而是因为他认真。人们能够从他传递的信息中感受到希望。那么，威利是从哪里得到希望的呢？是从哈尔夫妇以及其他人那里得到的。这是从帮助自助者的人那里得到的最宝贵的礼物。他们相信你并且最终使你也相信自己。他们对你的未来充满希望，并让希望在你心中渐渐萌发。

对吉姆和马吉来说，演示则比较容易。吉姆的经验很丰富，虽然马吉并不擅长与人交流，但还是通过参加训练课程很快掌握了演示技巧。不久以后，他们的业务开始发展壮大。吉姆回忆说："我们一开始每月只有四五百美元的额外收入。不久，月收入就增长了3倍。我们开始意识到：拥有自己的事业，意味着那些限制都是自己强加给自己的，根本没有什么限制可言。"

在工作上，吉姆·弗洛尔很快得到了提升，并被派到萨克拉门托南加利福尼亚石油公司担任更高的职位。他的收入猛增，举家搬到了一个有名的社区，住进了奢华的新家。他们每天开着车去与州长以及州议会的要员打交道。

吉姆回忆说："有段时间，我沉溺于萨克拉门托的新生活，甚至有点飘飘然。我不再过多地去想自己的事业，不再去扩展客户。这时，我的启蒙老师佛瑞德不厌其烦地提醒我，第二位老师克利夫·明特也不断地打电话和写信给我，希望我能坚持梦想，并继续追求。当他打电话时，我对他撒谎说'还不错',其实,我已经偏离了目标,掩耳盗铃罢了。"

"随后我去参加了一次聚会。聚会上,戴夫·塞弗恩谈到那些坚持不懈而完成目标的人。最后,他停顿了一下,好像是专门在对我说:'在这间屋子内,还有这样的人,他有很高的天赋,却不知道珍惜。一想到他只要真诚地对待自己的梦想将会取得什么样的成绩时,我就会感到难过和失望。'"吉姆说,"当时戴夫·塞弗恩并不认识我,但他的话像一把铁锤击在我的心上。回到萨克拉门托后,我列了一张小镇上认识和遇到过的潜在顾客的名单,开始逐一与他们联系。"

步骤4. 良师益友、被指导者以及其他人共同受益

帮助他人自助可能很困难,尤其在最开始的时候,但如果能长期坚持下来,你会受益颇多。这些益处不仅属于良师益友及其指导的人,还会惠及更多的人。

被指导的人会受益。既然赚更多的钱是重要目标,就让我们先看一下财务收益。像威利和吉姆,在良师益友的帮助下发现自己的潜力并亲身实践,一点一滴的成功积累为他们带来可观的收益。

看一下威利·巴斯开始创事业13个月后,生活发生了什么样的变化,他成为安利的营销伙伴之一,收入增加了2倍,随后是3倍,接着他辞掉了电焊工的工作。他有能力为自己治病,全家人的生活质量也大大提高了。他们第一次还清了账单,在银行里有存款,即使有一天威利离开人世,家人依然会很有安全感。

与威利·巴斯一样,当吉姆与马吉·弗洛尔开始认真建立自己的事业时,他们也取得了惊人的成果。吉姆回忆说:"我们的事业突飞猛进,即使没有了原来的工作,也能获得收入,这可是平生头一次。通过拥有自己的事业和分享长期收益,我们投入时间和精力,以便年年能得到回报。三年后,我辞去了加利福尼亚州天然气公司的工作。从此以后,我不用再为任何人工作。我们实现了财务安全的梦想。"

但帮助他人自助，并不仅仅意味着金钱。设想一下，当终于摆脱被绝望所禁锢的循环时，威利所感受到的自我价值；设想一下当把焊枪永远抛在一边时，他感受到的新希望；设想一下当不必每天都步履蹒跚地赶到公共汽车站，他所体验到的自由，以及当可以与妻子和家人一起度过余生时，他所品尝到的喜悦。财富的增加仅仅是威利·巴斯生活中的一小部分，财富的增加还带来了新希望、新自由以及新喜悦，没有比这更好的收获了。

吉姆和马吉·弗洛尔也发现他们所获得的益处是远远不能用金钱来衡量的。吉姆回忆说："我们自由了，我们现在才真正像个家庭一样聚在一起。我们可以勾画未来，我们有充足的时间相处。当然，新事业要求我们在前两三年付出很多努力，但即使这样，我们依然可以自由选择是出去旅行还是待在家中。"

吉姆回忆说："最大的好处是我们有了新的朋友圈。他们创业的理由和我们非常相似，也是想在财务上掌控自己的生活。我们因为相同的梦想和价值观走到一起。"

吉姆补充说："很难用语言来描述价值观相同的人在一起所形成的互助氛围。理查和杰传授给我们一些原则——相信人的潜力，还清账单，财政上井井有条，设定目标，记下目标，坚持目标，在实现目标后学会感恩，努力工作，诚实，对伙伴负责，不因为别人的缺点而指手画脚，帮助他人自立……"

吉姆认为："现在，许多学校根本不教授这些原则。即使家庭和教堂也没能将这些原则传递给我们的下一代。找到志同道合的朋友、能够一生珍惜的朋友，是我们最大的收益。"

良师也受益。威利和吉姆开始创业后，他们的良师益友罗恩·哈尔与佛瑞德·贝格达诺夫也在财务和人际关系方面受益。当所指导的人取得成功时，他们自己也收获颇丰。

哈尔夫妇是靠劳力获得收入吗？夫妇二人在威利及其家人身上投入了多年的关爱和精力，整个过程漫长而艰难，但他们始终信任他、培养他并且支持他。那贝格达诺夫夫妇在指导吉姆与马吉·弗洛尔获得成功后，他们得到了什么？为什么在弗洛尔夫妇举家迁往萨克拉门托以及放弃梦想后，佛瑞德依然坚持指导他们？佛瑞德做这些仅仅是为了钱吗？

我要说的也许你并不相信，那没关系，我能理解，因为一开始连我自己也不相信。但哈尔夫妇、贝格达诺夫夫妇、如今的弗洛尔夫妇以及其他取得巨大成功的人，把帮助他人的快乐置于赚钱之上。无论你相信与否，他们发现，看到别人梦想成真，远比在这过程中赚到钱更令他们感受到自我价值和成就感的满足。

面对常人的不理解，我真想大声呐喊，为这些拥有成功事业的人辩护，但我不会这样做。因为发生在威利·巴斯和吉姆·弗洛尔身上的一切，足使所有猜疑不攻自破。想一下威利会怎样回击那些猜疑？想一下他对哈尔夫妇所做的一切作何感想？

罗恩说："13年后，威利去世，我站在他的墓碑前，回忆起有多少次他握着我的手，注视着我，想表达他的爱和感激；有多少次他对我说'谢谢你，罗恩'；更多的时候，他只是站在那儿，抓住我的手，含着泪水对我微笑。"

哈尔夫妇及全世界和他们一样的夫妇，通过帮助他人自助而获得了收益。如果这些被帮助的人都对他们充满感激，谁还有权利去质疑他们的动机？哈尔夫妇的努力工作使受帮助的人梦想成真。通过对威利·巴斯的帮助，他们收获的绝对不仅仅是财富。

当人们去帮助他人自助时，整个世界都受益。当威利的生活发生转机时，世界如何变得更好？仅仅说提高生产力，增加购买能力，政府新的税收来源或社会公益资助是不够的。威利及其他学会自立的人们会影响所有的人，就像池塘水面泛起的波纹，一个人的新生会为整个世界带来希望。

以威利的家庭为例，想象一下他们希望重生的经历。他们的生活改变了，并且影响了他们所接触的每个人。威利的邻居在看到他穿着西装或开着新车销售我们的产品时，联想到那个步履蹒跚地赶到公共汽车站的电焊工，他们会作何感想？威利的同事、主管、老板又怎样？难道你没有听到他们传着这样的话："老威利遇上了什么好事？""如果这种事能发生在他身上,也可以发生在我身上!"

哈尔夫妇最喜欢的一句话是:"当你帮助别人,你会成为英雄,但当你帮助他人自助时,他们将成为英雄。"如果哈尔夫妇选择给威利钱,或接他上班,或推荐他得到某个援助机构的资助就满足了,那情形又会怎样?当然他们会因为这样的善行受到赞扬,但这样能为威利带来什么?他依然能够得到赞扬吗?如果是这样,可以确定地说,他可能会感受到同样的自豪,但最终他还是那个绝望、疲惫的老人。更糟糕的是,通过哈尔夫妇的善行,他可能会更绝望,更依赖别人,甚至要求别人。授人以鱼,不如授人以渔。

哈尔夫妇给予威利的是一份无价的礼物,他们给予他自助的能力。这份礼物也带来更宝贵的礼物:认可、回报、自由和希望,而不是成为依赖别人的奴隶。他们教会他如何获得自由,并给予了他自食其力的能力。

为了自立,我们需要团结

自古以来,自食其力是令人羡慕的价值观。在我们的文化中,自食其力是一个普遍接受的主题,但如何达到那令人羡慕的境地则很少有人提及,因为勇气、诚信或希望并不是与生俱来的。同样,坚强和独立并不是一时冲动的结果,而是生活中的经历给予了我们力量,并且获得自食其力的秘诀。它究竟是怎样发生的?

答案非常简单,就是我们相互给予自食其力这种礼物。我的朋友佛瑞德·梅杰几年来已经将这个礼物给了他成千上万的员工。佛瑞德的父亲亨德里克·梅杰是我们镇上的传奇人物。1907年,亨德里克从家乡荷兰来到密执安的霍兰,当时他是一名23岁的工人。这名年轻叛逆者在大萧条期间开了一家杂货店,并迅速将这家商店变为一家大型超市百货连锁企业,现在它由儿子管理。

佛瑞德掌握了很多营销和管理技巧。其中有一个故事能说明他在向别人传授自立之术方面所具有的特殊才能。从20世纪50年代中期到60

年代中期，位于大急流市的梅杰总部需要招一名接待员。共有三名女性应聘，其中一位是黑人。当助理告诉他这三个人都胜任时，佛瑞德简洁地说道："那就雇佣佩蒂伯恩女士吧。"年轻助理半信半疑地反问道："可她是个黑人，她是客人进门时看到的第一个人。"佛瑞德回答："我知道，就这么定了。"助理继续问道："您能告诉我为什么吗？""因为其他两位白人在别的地方能找到工作，而佩蒂伯恩却不能。"

回想你的生活。记住那些有勇气、有思想的人，他们曾给你提供机会去改善自己，要感激他们。每个令人印象深刻的伟大故事，都是从平凡的小故事中创造出来的。

海伦·凯勒小时候双目失明、双耳失聪，与世隔绝，愤怒和恐惧可想而知。今天，她的名字受到全美小学生的尊敬。但海伦·凯勒并不是独自与黑暗和无声做斗争来取得成功的。她的父母首先向亚历山大·格雷厄姆·贝尔寻求帮助。在他的帮助下，海伦有了安妮·沙利文老师。安妮对自己的学生有更大的梦想。在海伦的童年时代，安妮一直是她忠诚无畏的良师。1904年，海伦·凯勒以优异的成绩从拉德克里夫大学毕业。

如今她充满智慧的话被全世界的人所引用，但这一切都要归功于她的良师安妮·沙利文以及其他在波士顿霍勒斯·曼聋哑学校和在纽约城怀特·霍玛森语言学校的老师无微不至的关怀。她并不是生来就自食其力的人。没有良师益友，海伦·凯勒很可能在黑暗和无声的世界中死去。

我们每个人都可以把自立的缘由追溯到过去生活中的某个人。千万不要认为我们只是靠自己的力量才走到了今天。这是很危险的自大，它会让我们错误地认为自己不需要别人的帮助。回想一下，是谁帮助你成功的？约翰·多恩曾经写过一句名言："人不可能是自给自足的孤岛，每一个人都是大地的一部分，是整体中的一员。"

"自助者天助"这句话出自公元前6世纪的《伊索寓言》。事实上，伊索知道自助者如果没有别人的指引，前进将是多么困难的事情！世界之所以改变，是由于一代人帮助下一代人学会自立。父母教导子女自立，子女又将其一代一代传下去。通过几个世纪的传承，形成帮助他人自助的局面。

当听到有人问:"为什么不让他直接做?"这让我很惊讶。我想问:为什么你不告诉他如何做?人们并非生来就知道如何自立,他们并非总是知道如何自助。我们的事业根植于这样一个信仰:如果我们能告诉人们如何自助,他们就一定会做到。我在世界各地的演讲都基于两个主题,即"你可以成功"及"就这样做"。这似乎是一个无需证明的可靠真理。不少社会机构都在帮助他人,但总是自觉不自觉地使人们习惯于依赖而无法自立自助。我相信,多数希望帮助别人而不使其逐步自立的做法,最终都注定会失败。

独自行善不是仁爱。我崇尚慈善,而仁爱是本书的主题。我知道世界上有些人无力自助,这些人应当得到我们的爱以及实际的、奉献性的关注。

然而,我们必须牢记,施舍可能会伤害人的自尊。施舍,不论出于什么样的好意,都可能打击一个人的自尊。因此,慈悲通常只在人们无力解决自己的问题时才有用,但这并不是仁爱。

真正的仁爱是帮助人们实现自助。任何其他类型的仁爱都是虚假的。真正的仁爱并不仅仅意味着提供短期救济。施舍只是暂时的解决方法,无法改变人们诸如贫穷一类的重要问题,通常这些短期的解决办法成本很高。一些人认为社会福利是免费的,但事实上它非常昂贵。它使物价上涨,并使那些依赖它的人更具有依赖性。

仁爱通常始于行善以解决一时之需,但真正的仁爱远不只是慈善。在短期内为人们提供帮助是不够的,真正的仁爱是为自助者提供长期帮助。

如果一天早上你走出大门,发现报童正在你的草地上流着血,你会怎么做?你会立即帮助他,不是吗?那是慈善。你可以不假思索地做力所能及的事来挽救男孩的生命。当面临令人绝望的、生命攸关的需要时,我们会设法满足那个需要,而且不求任何回报。

然而,当威胁生命的紧急事件解决了,就需要另一种仁爱了,即长期的仁爱——人们帮助他人自助。报童是怎么受伤的?是谁的错?如果是逃逸的司机撞倒了孩子的自行车,几乎让他丧命,那么就应该想办法找到证人、肇事车，并且将肇事者绳之以法。如此鲁莽的，不负责任的司机理应受到惩罚。

但如果是报童自己不小心造成的，比如在过街的时候，并没有注意两边的情况，或由于报纸过重造成的，这时就需要另一种仁爱：帮助孩子找到引起事故的原因，并帮助他理解必须做出改变，以防止类似的事情再次发生。

无论什么时候，当人们遭受肉体上的折磨时，我们首先要竭尽全力帮助他们解决危难。尽管如此，我们还需要帮助他人以使其实现自助，不必再次经受这样的苦难。

在真正仁爱的体系中，所有的努力都旨在帮助他人独立。仁爱能带来新工作，使人们感受到自我价值。真正的仁爱是给人们工作机会，使其获得应有的回报。我们必须鼓励人们工作，这才是一种积极的仁爱。消极的仁爱，或无任何要求的同情，没有任何意义。真正的仁爱能给人提供取得成功的真正机会。

如果人们认为自己有机会成功，他们就不介意努力工作。相反，拒绝工作、不试着去工作虽然没有得到惩罚，但也失去了成功的机会。总之，人们必须工作并且开始自助。

美国西北大学教授、社会活动家克里斯托夫·杰克斯在接受《财富》杂志的采访时，被问及美国福利体系改革的问题。他回答说："我们必须做的第一件事，就是建立一个制度，对社会认同的行为给予嘉奖。社会完全有理由强调公共支持的接受者应当工作并遵纪守法……一项适当的反贫穷议程将对努力工作进行奖励而不是惩罚……而我们现在的政策对于那些尝试自食其力的人是非常不公平的。"

在帮助他人自助时，应对他们所做的工作进行奖励，教会他们如何自食其力。丹·明臣是施乐公司的员工，也是帮助别人自食其力的典型。《洛杉矶时报》曾专门刊登了一篇关于他的特写。丹曾做过纽约电台的记者，1971年，他被安排报道阿提卡州立监狱骚乱事件。采访中所看到的景象影响了他很久。监狱里面的犯人其实是被内心深处的绝望所禁锢，即使被释放后，绝望的高墙依然除不去。

毕竟，一个曾经进过监狱的人出狱后要做什么？谁会告诉他如何找到工作，如何解决自己的个人问题，在监狱外建立自己的生活？谁会做他们的良师益友？而丹·明臣愿意这样做，他是由所在公司支持的社区计划项目的参与者之一。施乐与其他几家公司效仿IBM，允许员工请假离岗全职为社区工作，这是个多么好的想法！

安利就是本着帮助自助者的宗旨成立的。营销队伍中只有每个人都取得成功时才算成功。成功的营销伙伴都明白这个道理，尤其是对雷克斯·伦弗罗来说，更是如此。他成功的根基在于有帮助他人的天赋。

雷克斯说："你必须为他人付出时间。我有很多次在并不情愿的情况下，还帮助别人去做讲解。我知道早晨还有其他工作要做，但仍会开一到两个小时的车去帮助别人，帮助那些大多数人不愿意抽时间帮助的人。帮助别人非常重要。当你对一个人产生兴趣，看着他的眼睛认真地说'我会帮助你'的时候，那种力量是相当强大的。有些时候，你能以特别的方式帮助他人，发现他们生活中的某些需要，这是你预料不到的。"

"第一次给予会为你自己赢得回报。我们不断地去帮助别人，我们奉献自己。当以这种方式帮助别人的时候，他们能够体会你的关心，他们的事业也会以此为基础，他们也学会帮助他人自助。"

无论规模大小，成千上万的美国公司信奉一条准则——帮助他人自助。当你作为良师益友教导别人如何成功的时候，真正的仁爱才算开始。正如古话所说："伸出援手，而非施舍。"大多数流浪街头、饥寒交迫的人想找到出路来养活自己，而非短期的慈善救济。

施乐公司和IBM通过员工及其专业知识来帮助其他社区。为非营利组织捐款必不可少，但向它们提供的最佳员工的专业技能则成为长久性的资产。人们可以一代代地传授技术。从1971年开始，施乐公司为合适的组织机构提供了超过400名员工所拥有的技术。通过历时21年的计划，IBM为社区提供了1000多名最有经验的员工。

安利也将因帮助他人成功的方式而获得成功。当我们伸出援助之手帮助他人成长时，我们自己也在成长，如果其他人没有成长，我们也尽了力。有时，你需要在进步比较慢的人身上多花点时间。看到有潜力的人拒绝前进是很伤心的，但看到有潜力努力尝试后仍然失败则会更伤心。这种现象的确存在，但相对那些失败的人而言，有更多取得成功的人。

几年前，安利在墨西哥主办了一次墨西哥国家交响乐团音乐会，这是一个非常出色的乐团。在音乐会结束后的招待会上，才华横溢的乐队指挥问我为什么要支持这种慈善文化活动。我回答说："因为我们应该回报我们所在的社区。"他有些激动地反问："但你们在墨西哥还没有赚到钱，只不过刚开始经营。"我回答："我们在墨西哥的确还没有赚到钱，在成千上万的墨西哥人从他们自己的业务上赢得利润之前，我们是看不到利润的，但同时，我们相信有一天会获得回报。"我随后还补充说："到那一天，一家优秀的公司会变得更加慷慨。"

指挥说："大多数墨西哥公司需要学习这一点，但谁来教我们？你会吗？"我回答说："是你！""我？"他很惊讶地看着我，有点诚惶诚恐。我肯定地说："是的，是你！"一阵沉默后，他又问："你会帮助我吗？你会来这里与富人们会面，一起分享你的梦想吗？"

1991年，我返回墨西哥。我的新朋友和我一起与商业界及银行界的领导人会面。我并没有做太多事情。当那位墨西哥指挥充满激情地请求支持时，我心里暗自高兴。这些富商深深被他的演讲所感染，纷纷慷慨解囊。这仅仅是奇妙事情的开始。向乐队捐款也仅仅是第一步，乐队和指挥必须学会自助。

对于每一次帮助那些自助者的机会，我都心存感激，因为杰和我也得到过别人的帮助。威利·巴斯与吉姆·弗洛尔的成功仅仅是长长的成功链条上的一部分，这个链条首先将哈尔夫妇以及贝格达诺夫夫妇连在一起，随后与他们的良师益友以及更多人连在一起。

成功永远不能在孤立的环境中取得。我还没有见过在孤立环境中取得成功的人，也不了解那些没有帮助他人欲望的成功人士。当他们拒绝时，同时打断了让每一代都迈向成功的爱心循环。某一代人缺乏仁爱，总会对后一代产生负面影响。帮助自助者打破家长式作风，同时降低他们的依赖性，进而就可以结束长期困扰社会的贫困问题。

成功无法带给威利一对新的肺，却为他带来13年的内心平静和安全感。哈尔夫妇给予威利的礼物是自助的能力，而威利给予他们的礼物是希望自己去帮助其他人。

吉姆·弗洛尔曾讲了一个感人的故事。两年半以前，一对有自己事业的夫妇开车参加在洛杉矶举行的一次聚会。在从洛杉矶赶往萨克拉门托的路上，父亲感到过于疲劳想休息一下，于是让16岁的女儿开车。小女孩试图急转弯，不料与一辆卡车相撞。父母在事故中双双丧生，16岁的她与8岁的弟弟侥幸生还，但这次事故给他们留下了永远的情感创伤及可怕的失落感。

吉姆告诉我们："尽管如此，由于他们生活在一种互助的氛围中，所以很快又找到了新家。两个孩子被父母的良师益友收养，这对年轻的夫妇没有子女。从亲生父母丧生的那一刻，两个孩子就拥有爱他们并且教导他们的新父母。"

故事并没有结束。在失去亲人并被伤痛折磨的初期，帮助孩子治疗的心理医生对她所看到的这种互助氛围印象非常深刻，最终她决定也开始创业，成为这个伟大的、充满关爱的大家庭中的一员。

成为别人的良师益友、帮助那些自助者，其收获和好处不但会让你惊讶，而且能够长久地持续。另一方面，如果我们没有伸出援助之手，后果会令人担忧。世界上有太多的需求，但一次只能由一个人来应对。在犹太法典中有这样的话："不向慈善敞开大门的家庭，将会把大夫迎进家门。"作为良师益友，在帮助治愈这个世界的同时，也在治愈你自己。

第13章

为什么要帮助无助者

信条13

要帮助那些无法自助的人。贡献时间、金钱给需要的人,我们既能提升自己的尊严和价值,又能为世界带来希望与和谐。

作为施予者,你能为邻居和世界上遭遇困难的人,提供什么帮助以改善现状呢?

午夜,医院的长廊里滞留着焦虑不安的父母。父亲端着一杯冷咖啡,在阴暗的大厅和拥挤的候诊室里无助地走来走去,惊恐的母亲则抱着哭泣不停的婴儿。护士匆忙地穿梭于各个房间,给病人打针并尽力说些安慰的话。医生刚刚走下手术台,还没来得及脱下绿色的外科手术帽和长袍,就被焦虑的家人和亲友团团围住,他们努力向人们解释那些危及无辜儿童生命却没人能懂的疾病名称。

"脊柱裂?"吉米·道南幽幽地问。他那双睁得大大的、一眨不眨的眼睛,仿佛在诉说着又一对父母的遭遇,他们的新生婴儿将不是早夭,就是要遭受终生的病痛。吉米回忆说:"南茜和我听着医生的讲解,内心的恐惧不断增加。我们没有生育保险,积蓄只够南茜住三天院,而要继续住院则必须预付保证金。"

埃力克·道南在他出生的 24 小时内就做了 8 个小时的外科手术。这个孩子几乎是刚出生就出现脑积水，并被立即转到外科进行手术，在脑部装上一个维生器。然而，手术一次次地失败，最后，埃力克被转到洛杉矶儿童医院。最初 9 个月，他接受了 9 次脑部手术。南茜回忆说，"我儿子出生后的一年内几乎无法回家，所以我们只能住在他的病房里，陪在他身边。"

在这个小生命诞生后的最初几年，道南一家的医疗费超过了 10 万美元。虽然吉米和南茜现在已经书写了另一部企业家成名史，但在孩子出生时，他们的小生意才刚刚开始。他们不得不靠抵押借贷度日，以应付日渐庞大的经济负担。

吉米回忆说："很快我们就负债累累，我们没心思去关心什么貂皮大衣或劳斯莱斯，豪宅和度假也与我们无关。我们的一切希望就是能有足够的钱来挽救儿子的命，给予他需要的一切，不用为每笔新的开销担心，在他经受病痛时能陪在他身边。"

大多数企业家都像吉米和南茜一样，靠努力工作来满足自己的需求，以提升生活质量。

今天的世界需要仁爱。仁爱即使不是唯一的方法，也是能为世界带来希望和可能治愈的最佳方法。很多严峻问题的确存在，但还有机会去解决，所以绝不能变得悲观或愤世嫉俗。我们不必事必躬亲，也无须今天就完成，现在要做的就是迈出小小的第一步。

俗话说"博爱从家庭开始"，应当严肃地对待这句话。如果我们连自身都不能照顾，又怎么能照料别人呢？到处都是陷于绝望、生命受到威胁的人，我们应该拿出金钱、时间和精力来倾力帮助他们，满足他们的渴求。

我和海伦新婚不久，她就坚持要拿出我们全部收入的 1/10 捐给慈善事业。对于海伦来说，这笔捐款决定不是草率的，这笔钱一旦装进信封，我们就绝对不会反悔。那时，我们每周赚 100 元，拿出 10 元并非易事。现在我们赚多了，小小的信封变成了基金，但海伦仍会检查账簿，以确定交出了一定数额给本地及世界各地所支持的慈善事业。

和很多公司一样，我们也热衷慈善事业。在马来西亚，我曾参加过一个皇室公主出席的宴会，我们因为公司对流浪儿童所做的贡献，而被她邀请作为特别嘉宾。像为世界各地提供志愿者服务的数百家跨国公司一样，我们在马来西亚赞助了多间护理中心和疗养院，还在开展业务的其他国家赞助了许多类似项目，这是我们力所能及的事。当我向公主解释时，她的回答令我吃惊："一家公司总是用自己赚的钱来帮助孩子，这是多么难得！"

事实上，对个人和公司来说，将收入的一部分拿出来给那些需要的人并不是稀罕事。每年，来自北美洲、欧洲和日本的慷慨大方的个人和公司，都会捐赠数十亿美元给各种慈善和文化事业。

许多关于仁爱的事情，我都学自于大急流市的亲友。这些亲友可能没有前述故事中的主人公那么声名卓著，但他们服务乡里的事迹，却为社区所津津乐道。

格雷琴·布马是西密执安州格林纳斯的一名志愿者领袖，她从饭店和企业募集食品分给贫民和饥饿的人。

比利·亚历山大是复兴计划的创始人之一，她把自己的一生都奉献给了地方上沉溺于酒精或毒品的人。

贝齐·齐勒斯特拉现在是大急流市中心的全职社会企业家，也是大急流市人居联谊会的长期志愿者，该协会致力于为城市中无家可归的人建立住所。

爱妻海伦是我一生中遇到的第一位真正的仁爱企业家，她的给予并不只是口头上说说而已。每个星期日，她都会给当地的相关机构签一张支票，捐出收入的10%。

"我们不能等等再捐吗，哪怕先少交一点儿，等经济上站稳脚跟再说？"有天早上我小声问她，海伦只是甜甜地笑。我希望能够铭记这些生命中的贵人，是他们教导我成为一名富有仁爱之心的企业家。我还没有做到，但多亏他们，我正在朝着这个方向努力。

我的伙伴杰·温安洛和夫人贝蒂也是从事仁爱行动的榜样。他们不只为自己喜爱的事业提供经济支持，还拿出大量时间，为几十家国家和地方组织献计献策，这些组织包括4-H基金会、杰拉尔德·福特图书馆、美国商会等等。杰还因主持大急流市河岸的新公共博物馆基金募集活动而备受赞誉。当然，这只是他为改善并复兴我们的城市所付出的无数时间、金钱以及创造力的例子之一。

汤姆·米克梅舒伊一直保持着公司的两项记录，一是长达数十年的诚爱服务，二是薪资单上历年来最长的名字。他对杰在安利创业初期的艰难日子里，所表现出来的自发而慷慨的仁爱行为历历在目，难以忘怀。

汤姆笑着回忆："在我们创业的头一两年，我开着一辆二手巴士，车上坐满了资深营销伙伴和公司职员。突然，引擎发出了可怕的声音，车子抛锚在乡村小道上。杰第一个下车，打开引擎罩检查了几分钟后，然后要来工具箱，开始修理发动机，其他人在一旁满怀敬意地看着。"

"在混乱中，杰注意到我的外套沾上了润滑油。'很抱歉把你的外套弄脏了，'杰说道，'请明天拿去干洗，把账单寄给我。'过了两周，出乎意料之外，杰给我留了一封短信：'我为套装的事深感歉意，请到财富大道乔治·布里斯男装专卖店选一件新的。'当我局促不安地来到城里那家最好的男装店时，店员已经在等候我。依照杰的指示，他们为我配备了全套的行头：西装、衬衫、领带、皮带、皮鞋，甚至还有一件堪比公司总裁穿的大衣。"

我们都对杰的体贴念念不忘。一天，他得知有位合作伙伴的两个儿子患上了先天不治之症。为了给两个孩子的生活增添一丝乐趣，杰特别带着他们搭乘公司专机到密执安湖，两个孩子玩得非常开心。杰于是决定带这两个孩子和他们的家人飞到奥兰多的迪斯尼乐园，让他们在离开这个世界之前能游览梦幻王国，杰负担全部费用。在接受孩子们的道谢后，他含泪给我讲述了这个故事。两个男孩儿不久便去世了，而杰仍然记得孩子们的兴高采烈和感激为他带来的快乐。

大急流市的很多朋友在工作中都表现出了真正的仁爱。保罗·柯林斯还是个苦于奋斗的年轻艺术家时，就已经有了一颗仁爱之心。现在他拍卖作品，制作海报和广告，甚至举办义展来唤起公众意识，以实现自己的理想。

我的挚友埃德·普林斯是普林斯公司的创办人和董事会主席,他是我所认识的最富有仁爱情怀的企业家之一。他12岁的时候,父亲去世了。他努力奋斗,完成了密执安大学的学业,并发誓如果以后挣了钱,一定要造福后人。

埃德和妻子埃尔莎不仅捐出了家庭收入的1/10,还从公司利润中捐出同样的部分。除了多年来对数百个重要事业给予金钱和时间支持之外,他们还建立了常青联谊会,其志愿者超过1000人,是美国最有效率的老年人服务中心之一。常青联谊会起初的梦想非常简单,它是商业企业家如何同时成为社会企业家的典范。

一个星期天下午,埃德和埃尔莎载着一位陌生人,一起穿越了密执安州的霍兰市湖区。上岸时,那位老妇感激地说:"谢谢你们,我一生从来没有游览过湖区。"

埃德和埃尔莎惊奇地发现,有许多长年居住在霍兰城里的居民,都没有机会到这个湖上来游览,于是他们买了一艘浮船,供社区的老年人免费乘坐。他们的女儿艾米莉和艾琳开着家里的敞篷车去接这些人,把他们送到船上游览一小时。由于船上没有卫生间,他们在上岸前15分钟为年迈的客人提供柠檬汁和甜点。

在接送500多名老年游客期间,埃德和家人渐渐了解了霍兰市老人们的需要。最后,埃德和埃尔莎同负责管理老年人的玛吉·诃克斯马一起,讨论他们能为老人们做些什么。在两位仁爱者及1000多名志愿者的支持下,常青联谊会现在每个月为3500多名老年人提供服务。

我的另一位好友皮特·库克是马自达大湖有限公司的创办人和董事长,他堪称大急流市仁爱者的典范。皮特出生于中下阶层,他在达文波特大学当管理员以半工半读。毕业后,他建立了密执安州最大的公司之一。他向母校捐资建造了一座宏以大而漂亮的办公楼,被命名为皮特·库克企业家中心,它只是皮特赠给社区和世界的众多礼物之一。他和帕特(皮特的妻子)为社会捐献的数百万元的金钱和数千小时的时间,使无数人受益。

马文·德威特是密执安州泽兰市的一位仁爱企业家。爱荷华州奥伦奇市西北学院有两幢大楼以他的名字命名，这只是由马文和妻子杰里恩赞助的众多教育项目之一。马文和他的兄弟比尔是火鸡养殖户，他们在1938年成立了比尔·马文公司，当时只有17只火鸡。"14只母鸡和3只公鸡，"马文咧嘴笑着回忆道。"为了生意，我们还得从一周才存4块钱的姐姐那里借30元。"

　　德威特一家历经冬天的暴风雪、夏天的滚滚热浪，以及鸡瘟、经济萧条和一场毁灭性的火灾，但他们依然照看着火鸡生意。那场火灾毁掉了他们90%的生产设备，并使1000多名员工就此失业。回首往事，马文说道："命运很眷顾我们。"当问到是什么使他成功时，他补充说，"我们努力工作，量入为出。"

　　后来，马文和他的兄弟把比尔·马文公司以及他们的全部火鸡业务，以1.6亿元的价格卖给了萨拉·李公司。德威特兄弟从这笔销售收入中留出500万元，按在职薪水和服务年限分给了员工。这种友好的姿态和慷慨的品格，在美国公司中是闻所未闻的。在与萨拉·李公司的交易完成后的几个月里，马文和杰里恩已经给其支持的个人和公共机构捐赠了数百万美元。

　　另一位朋友约翰·布马是大急流市成功的建筑承包商和开发商，他的仁爱之心也给我诸多教益。约翰作为建筑师的身份和管理者的才干，使他在商业上大获成功，并有机会环游世界，但他开创事业的动机并不是获得财务成功和周游世界。作为我们社区很多最佳建筑的负责人，约翰说："我开创事业的一个主要原因就是帮助他人。"他的慷慨使其影响远远超出了大急流市。约翰和妻子莎伦通过努力工作和认真计划，提升了生活质量，同时能伸出援手帮助世界各地陷于困境的人。

　　吉米和妻子南茜创业也是为了帮助别人。他们的儿子埃力克天生脊柱发育不良，小时候曾经多次发病，后来还遭遇了一次严重的中风，右手一度丧失功能，接着腿也瘫痪了。正当他康复时，大脑中的维生器再度阻塞，于是被紧急送进医院接受另一次大手术。17岁那年，埃里克只有55磅重，已经经历了30次危及生命的脑部手术。在过去18年里，他们一家的医疗开支包括了许多昂贵的项目，比如3000元的拐杖、7000元的轮椅、每周500元的物理治疗、一根与脊骨相融合的支撑杆（在体内从脖子一直插到腰部）以及几十万元的手术和住院开销。

吉米解释说："我们现在有了健康保险，但只能解决几万元。如果没有安利事业，根本付不起医疗费。"他伤心地补充道："事实上，据我所知，超过70%的父亲，如果孩子天生残障，最终会离开家庭，因为他们无法承受毫无尽头的痛苦、内疚和入不敷出。"吉米随即充满感激地说，"但因为有安利事业，我们不仅能继续维持埃力克的开支，还能帮助比我们更不幸的人。"

过去几年里，吉米·道南一家和他们的朋友及同事，一起资助了奥利夫·克莱斯特治疗中心，这是一个为被判离开其残暴父母的受虐儿童而设立的机构。南茜解释说："那些孩子的年龄段，包括从初学走路的婴儿到十几岁的少年，中心的创办人唐和洛伊斯·维劳尔在附近买下了25所安全、舒适的住宅，州政府负责每个孩子的安置费，其余所需费用由志愿者自行筹募。"

这些受虐儿童得到了吉米和南茜及其朋友的支持和关心。大多数社会企业家，比如维劳尔夫妇，把自己的全部时间都投入到了人们以及社会需要的工作上。如果没有像约翰和莎伦、埃德和埃尔莎、皮特和帕特、吉米和南茜以及美国各地及全世界数百万同他们一样的仁爱者的支持，又如何能做到呢？

那些在企业、公共部门、体育或艺术领域有着全职工作的人，他们未必被看作英雄，或比得上全职的社会企业家，但这些志愿者奉献出了时间、金钱、主意和精力。对我来说，这些仁爱者是站在与苦难抗争的第一线上的无名英雄。

如果你已经是一位仁爱者，正在用自己的时间和金钱去帮助那些无法自助的人，那么我向你致敬。如果你现在还不是，为何不加入我们？我知道，开始帮助受虐儿童、艾滋病人、精神或身体上的残障人士（除了那些有自助能力者）的代价很高昂，并且很耗时。但是不论目标是什么，从长期来看，它都会成为最值得你花费时间和金钱去经营的事业。

193

要成为一位仁爱者,至少需要以下 6 个步骤。如何开始或从哪一步开始并不重要,但在我们能够做出切实的改变之前,这 6 个阶段都是必需的:

1．不找借口;
2．相信自己;
3．了解人们的实际需求;
4．找到自己的关注点;
5．强化计划;
6．全力以赴,达成目标。

不找借口

不幸的是,很多人都期待别人来解决自己所面临的问题。他们希望其他人或机构能采取行动以解决其需求,而自己却坐视一旁,指手画脚。事实上,已经没有时间可以等待,没有人可以责备,也没有任何高墙可赖以躲避无所作为所带来的后果。

我们不能再用下面这些类似的借口来推卸责任,而不去帮助那些无法自助的人。

什么问题?我看没什么问题。有些人喜欢自欺欺人,以为只要长时间忽略其存在,问题就会自然消失。他们甚至设法回避问题,就好像那些问题根本不存在。

在佛罗里达州遭遇安德鲁飓风毁灭性的破坏之后,我看见一位衣着鲜丽的妇女,居然穿着写有"我是安德鲁飓风女王"字样的 T 恤。通常,忽视长期的问题可以帮助我们克服短期的压力,但更多情况下,否认是阻止仁爱力量发挥作用的主要绊脚石。

那是他们的错,与我们无关。"那是他们造成的问题,"人们在政治集会上咆哮并冲过防护栏,"让他们去解决。"指责他人是多么的容易!"穷人都不想工作。"我曾听到有人这样说。"富人都不想纳税",马上就会有人为自己辩解。无论是贫是富,责备他人都无助于改善状况,于是转而通过修改法律、制定新的税收政策或取消限制来改变不平等。"我们必须强迫那些穷人去工作。"有些人说。"我们必须限制富人赚钱。"其他人则回应。而后事情就会变成这样:指责导致绝望、无助的行为,而问题始终没有得到解决,需要仍然得不到满足。

设想一下,如果奥兰多魔术队的队员责怪芝加哥公牛队的迈克尔·乔丹的速度和技术使他们输了比赛,那会发生什么。他们可能会说:"他跳得太高了。"或者说:"他跑得太快了,那不公平,应该让他穿上加重的鞋,跑步时速超过15英里时向他吹哨示警,跳起高度超过地面5尺就罚他。"

那是不可思议的。当迈克尔·乔丹腾空跳跃时,他们整个队伍(以及数百万正在观看的球迷)的梦想都在飞翔。乔丹有神奇的天赋,但他对这些才能进行了培养和训练。现在,迈克尔·乔丹的例子激发我们去发掘自己的天赋,并加以发展和训练。不要限制迈克尔·乔丹,要让他的成就激励我们。这样,我们就会达到更高的水准。

我们只做能维持自己生意的工作就够了。吉姆·詹兹是安利加拿大最成功的营销伙伴之一,他警告说:"当你从事我们这类工作时,会有一种危险,即我们忙于帮助别人建立生意(因为那也是帮助自己建立生意),以至于忘记了周围其他需要帮助的人,单服务于那些能增长自己业务的人是不够的。"

以后再做。大多数人愿意帮助那些无法自助的人,但总是耽搁拖延;许多人愿意慷慨付出时间和金钱,但总是要等到自己更强大、更富有、更自由的时候。我们一直在等待,直到有一天突然发现已经太晚了。吉姆·詹兹警告说:"如果在事业规模尚小时就没有同情心,那也就不要指望将来能有什么仁爱之心。"

我们总有数不清的借口为自己辩解。以下借口常常会听到:"我很想帮忙,但眼下实在太忙了……""我还差一点才能付清自己的账单……"、"我就是不知道从何入手……"

当吉米和南茜听说了在奥利夫·克莱斯特治疗中心的160名受虐儿童时,他们本可以找到无数个借口。儿子埃力克需要照料,这还不够吗?

他们的医疗费账单达数十万元，怎么还有钱帮助他人？在埃力克面临生命危险的那段时间，吉米·道南连续三个月陪儿子睡在医院里，哪有多余的时间去照料受虐儿童？

道南夫妇有理由不为那些孩子付出时间和金钱，但他们没有让这些理由成为借口，而是伸出了援助之手，因此改变了那些孩子和他们自己，它将带领我们迈向第二步。

相信你自己

成为仁爱者始于你下决心改变现状，我们不必独自解决世界上的问题，但必须充分相信自己能有所作为。

吉米回忆说："在尝试以前，我们没有想到还能挤出一部分金钱和时间，也没想到可以做那么多，但看着孩子们，我们觉得应该做些什么。接下来，我们知道，必须为这项事业筹集几十万元，这为所有人带来了莫大的成就感。"

你是否相信自己？你确信自己能够有所作为吗？你是否愿意试一试？如果你愿意，我们将进入第三阶段。

了解人们的实际需求

如果总是对世界忧心忡忡，我们就会陷入困境并变得麻木，一个问题都解决不了。如果竭尽全力地尝试每项慈善事业，我们就会资源耗尽，精疲力竭，只解决了部分问题，却无法根治。什么都想做的人最终什么也做不成。

斯坦·埃文斯目睹了父亲服务乡里的事迹。他回忆说："他努力工作，养家糊口。退休后，成了一名志愿者。他担任村里保护土壤地区委员会、学校董事会以及防火区委员会的委员。他逐一处理镇上的问题，每次都得以圆满解决。父亲教导我，如果牵涉到太多事务当中，就会分散你的精力，伤害家人，最终自己也精疲力竭。"

通过斯坦·埃文斯的父亲所选择担任的委员性质，你会发现他热衷于土地生产、儿童教育以及社区安全，并且通过实际工作逐一解决问题。你对哪些问题特别感兴趣？哪些需求能激发你的热情？你是否了解那些问题？你研究过那些需求吗？

在解决问题之前，必须深入研究。我们所面对的问题是复杂的，并且很容易做出错误的判断。**我们有责任为自己了解实际情况，否则，就容易面临弊多于利的风险，仁爱者应当是见多识广的。**

我们的朋友中岛薰曾看见一只导盲犬引领主人穿过日本一家机场。中岛薰先生解释："这是我第一次见到导盲犬，看着那只狗工作，我非常感动。所以，旅行结束后，我找到了日本的导盲犬协会，参观了他们的办公室，看到那些狗正在接受训练。通过他们的年度报告，我发现该组织主要依靠捐赠维持生存。这个小小的调查结束后，我给他们捐了100万日元。有一天，当我看到一位年轻的盲人妇女在她的导盲犬后面快速、无畏地穿过大阪街头时，一种美好的感觉涌上心头，我知道自己用某种微不足道的方式帮助了那名无法自助的妇女。"当了解了问题的实际情况后，我们就迈出了解决问题的第一步。

某些紧迫的问题，如与人类和地球有关的问题，正亟待关注。我们需要一个健康的生存环境，同样也需要一个公正的社会环境。我们的目标不只是有一个健康的地球，居住于其上的人也要健康。让我们来看看其中的一些事实吧。

找到自己的关注点

生活中很多方面可以引起我们的注意。有时，我们会被邂逅的某人感动而有所行动，情不自禁地生出要帮助他的念头。接下来，那个人会成为关注点，我们会为他投入时间和金钱，同时也给我们带来助人的满足感。

贫穷。1991年，美国估计有占总人口14.7%的人生活在贫困中。贫困的实际情况是怎样的，如何缩小贫富差距？我们镇里无法实现自助的穷人都有谁，如何来帮助他们？

婴儿死亡率。所有工业化国家中，美国的婴儿死亡率是最高的。婴儿死亡率高的真相是什么？为什么那些婴儿会死亡？我们能做些什么来挽救他们？

健康制度不完善。我们的保健体系中，还有3700万人没有任何健康保险，而且很多解决办法是危险并带有误导性的。我们必须为此做些什么？卫生保健的实际情况是怎样的？哪些人和义务组织在提供帮助？我们如何加入到队伍中去？

文盲。我们的教育制度很不完善，并在迅速地恶化。高中毕业生甚至没有能力阅读或写作。专家称，有2000万至3000万美国人是半文盲。有关教育的实际情况是怎样的？学校应当做些什么？我能否志愿成为一名教师助手、教练、私人教师、班级辅导员或者附近学校和图书馆的义工？我们能够提供什么帮助？

犯罪和毒品。在美国，与毒品有关的犯罪和凶杀案的比率居世界首位。我们镇上犯罪和毒品的实际情况如何？我们能够做些什么来帮助镇里的孩子和受害者？哪些组织、个人在街头冒着危险去帮助那些需要帮助的人？我们能够提供什么帮助？

无家可归者。据估计，有300多万美国人无家可归，他们的平均年龄只有32岁，而整个家庭无家可归的比例达25%。美国无家可归的具体情况是怎样的？我们镇里有哪些人无家可归？我们能够做些什么来帮助他们找到合适的住所，开始工作得以生存？

我们迫切地需要仁爱者来帮助解决所有这些人类面临的问题。到处都有人需要在其自立之前，获得紧急的援助。为贫困的邻居创造机会，激励他们去享受仁爱的好处，是一项有待解决的挑战。仁爱者必须介入到政府职能缺失的地方，并用有效的行动来填补其空白。

歧视。种族、宗教、性别、年龄的歧视是需要以仁爱方式解决的严重问题。对自己和对国家，我们都有义务了解这些问题。不要简单、片面地看待这些问题，要以仁爱的态度充分了解并分辨事实。事实是什么？对学校、身边的歧视现象如何处理？对我来说这是否是一个潜在的服务对象？

责任。每个人都不为自己的行为负责，就形成了互相指责的社会。责任引发的事故造成的损失达数十亿美元，使消费者品越来越贵；阻碍了创新和发明投向市场；抬高了医疗费用；汽车保险率也大幅提高。我们如何遏制这种可怕的形势？我们能够设计出什么公平合理的方法，来解决纷争并给出公正的奖励？我们怎样才能停止对贪婪的鼓励？所有这些相互指责的背后隐藏着什么事实呢？当我们错了之后应当做什么？我们能否为自己的过错负责，并不再期待他人为此付出代价？

国家债务。美国是一个追求短期快感的国家。人们希望眼下能获得一切，而不愿等待，所以在还没有挣到钱之前就用信用卡乱买东西。同其他工业国相比，美国人实际上没有任何储蓄。我们能够举债，为什么要去储蓄？这就是国民的心理。政客们也在做同样的事，又有什么好奇怪的呢？但是，我们留给子孙后代的，应该是平衡的国家预算开支以及丰富的自然资源。有关国债的实际情况是什么？我们能对此做些什么？我们是否在为使自己摆脱债务而工作？

在和奥利夫·克莱斯特治疗中心的孩子们走到一起之前，吉米和南茜读到了美国虐童问题持续恶化的报道。他们了解到，在美国，4名儿童中就有1名在5岁前遭到父母的严重伤害。这些统计数字所说明的情况已经够糟了，但是当道南夫妇走访了一个虐待儿童的家庭，并亲眼看到被打伤的脸、断折的四肢、烧伤烫伤及可怕的疤痕时，那些数字成了震撼人心的真实生活。

当我们直接看到这些问题，看到需要帮助的人们，当场与他们恳谈并准备帮助他们时，我们内心的一些东西已经开始在改变，关注的焦点变得更加清晰，目标更加明确。 当把问题个人化时，我们已经做好了进行某些改善的准备；当把问题置于自身之外，就会变成应该由他人处理的烂摊子。你看出这之间的不同了吗？我们，包括你和我，都有可贡献的东西。我们能够使情况发生改变，但首先，要了解实际情况。

在上文列出了某些我最关心的问题以及一些能加深了解的事实和统计数字，但这只是一个行动前的清单。你身边的人（或者其他地方的人）有什么需求？你能帮助他们吗？决定你关注的方向，是踏上振奋人心的助人之旅所要采取的第三步。

有时，事情会不期而至。是否还记得我的朋友丹·威廉姆斯，那位克服了自己口吃的人？他成了我们在加利福尼亚州最成功的营销伙伴之一。在前往科罗拉多州拜访福特总统府邸时，他遇见了一家人，他们的小女儿玛吉口吃非常严重。

丹回忆："她是一个漂亮的小女孩儿，但口吃给她带来很多尴尬。那天午餐时，我告诉玛吉我是如何努力克服口吃的，她听得非常入迷，很快我们便成了朋友。几年来，我同玛吉和她的父母一起努力，帮助小女孩儿克服口吃，并不时向她父母提供建议，这成为了我的一项真正的事业。"

有时，紧急求助会迎面而来。在没有预知的情况下，我们可能必须立即决定是否帮助受害者。马克斯和妻子玛丽安·施瓦茨通过邻居得知，在德国的家乡有个小女孩儿需要立即进行骨髓移植，如果不进行手术，女孩儿就会失去生命。

然而，手术费用相当昂贵。朋友和邻居们都在筹措资金，最后，还差40000德国马克（27000美元）。马克斯和玛丽安必须做出决定，是否把小女孩儿纳入他们众多帮扶的对象之中？他们当时已经在资助家乡附近的一所孤儿院以及西部的一所儿童癌症医院。玛丽安回忆说："我们签了支票，很庆幸，我们的生意那年挣了钱，我们很高兴把一部分利润拿出来救助孩子。"

当安德鲁飓风横扫佛罗里达州和路易斯安娜州，给当地造成极大破坏时，安利公司立即向灾区捐赠了价值150万美元的食品和清洁用品。全国各地的营销伙伴自费赶赴灾区，带去了钱、工具以及其他救济品，并帮助分发救援物资。

比尔·奇尔德斯在对所有营销伙伴讲话时说道："我们只是救援队伍中的一小部分，很多好心人已经加入进来。与红十字会、国际援助机构、大大小小的公司以及来自全国的个人志愿者并肩作战,我为安利的同仁们感到骄傲。"接着他补充说:"他们用行动证明了自己的话:'如果需要帮助,只要打个电话,我们就会出现。'"

有时,同病相怜让我们援之以手。彼得和伊娃·穆勒-梅雷卡兹有个罹患智障的孩子。家庭不幸带来的深切感受,使他们选定了村里的残障社团作为帮扶对象。

彼得微笑着说:"我们帮助那个小社团,因为他们需要我们,就这些。那些病人曾经是聪明而有生产能力的人,他们有学历、有事业,但每个人都经历过某种创伤,从而导致了在智力或情感上出现了障碍,他们不能再照顾自己,所以我们介入了。"

彼得和伊娃通过洛克公司雇佣这些残障人士,干一些力所能及的工作以获取帮助。伊娃骄傲地说:"他们把邮件叠好并塞进信封,制作甜点、粘贴日历。我们经常寻找他们能够胜任的工作,以使他们可以养活自己,并帮助其重建尊严和自我价值。"

吉米和南茜选了帮助受虐儿童,原因很简单,南茜解释说:"我们喜欢孩子,不愿看到他们受苦。"她笑着补充道:"此外,我们只有两个儿子——埃里克和戴维,一个女儿希瑟,为什么不能再多些呢?"

我在经历了心脏搭桥手术后,开始思考从这次生死体验中学到了什么。

首先,我发现当我们日夜遭受病痛折磨时,医院是何等的重要;但医院及其员工也需要我们的回馈;新的救生器材价格都非常昂贵,非低收入者所能承受。为了向巴特沃思医院以及其医术高明且具有献身精神的员工表示感谢,我和海伦为医院捐建了一栋综合楼。为了纪念我妻子对整个社区的贡献,医院管理委员会将它命名为海伦·狄维士妇女儿童医疗中心。

其次,我再一次认识到贡献时间和精力同贡献金钱一样重要。我们所有人,不论是雇主还是员工,终日忙碌,而且压力过大。多数人一大早就开始为生计奔波,直到晚上才精疲力竭地倒在床上。但是,作为志愿者向身边的慈善机构贡献时间或是提供财务建议,对于社区的健康和福利来说都非常重要。我担任了巴特沃思医院健康公司董事会的主席,不仅是尝试着实践自己所宣扬的信念，同时也是出于对医院和员工的感激。

最后，在同心脏病的较量中，我了解到我们当中有太多人，包括我自己，对于药物预防的了解还远远不够。我们不知道如何照顾自己的身体，而当身体出现异样时，已经太晚了。基于这一原因，我力邀史蒂夫和帕特里夏·沃尔特斯·齐夫布拉特夫妇加入我们大急流市的朋友团体。

我见到齐夫布拉特医生时，他是加利福尼亚州圣莫尼卡的普里特金健康机构的主任，帕特里夏当时是那里的项目主任。这对夫妻共同挽救了我的生命。虽然我看起来很健康，但史蒂夫和帕特里夏还是坚持让我在拜访其健康机构期间详细检查一下身体。在一项心脏检查中，他们注意到我的心律不齐。不久，我便被送往巴特沃斯医院接受了6个搭桥手术。

史蒂夫和帕特总爱提醒人们记住那句古谚"生命掌握在自己手中"。他们慎重地考虑了我的邀请，然后搬到了大急流市，并将他们的"健康生活研究院"总部设在了安利格兰华都大酒店。齐夫布拉特夫妇还展现出第三种才能，亦即改变（并挽救）生命的思想和能力。史蒂夫和帕特里夏·齐夫布拉特代表安利公司和"健康生活研究院"在全国以及世界各地进行了一次巡讲，向安利的朋友们讲授正确锻炼、缓解压力和控制体重的方法，以及养生的变革和健康的饮食。他们在安利格兰华都大酒店开展的"七日家居计划"让人们受益匪浅，并救助了数千人的生命。

我介绍促进身体健康的三个体会，是想通过亲身经历来说明如何经常捐赠金钱、时间及创意，给那些在危难时能伸手相助的组织和个人。

正如阿尔伯特·史怀哲所说："人生的目的在于服务他人，在于悲天悯人，在于助人为乐。"他的关注点把他带到了非洲一个与世隔绝的村落。

你的关注点是什么？它会把你带往何处？确定一个目标，它能为你开启一个振奋人心、回报丰厚的生命历程。

强化计划

一旦明确了关注点,就必须制订详细的计划来指导行动。要写下详细的目标,以及计划何时、用何种方法来达成目标。要制定进度表,召集合作者来帮助我们,在需要时可以改变行动方针,在完成任务时则要庆祝一番。

有时,我们从零开始。德士特和博蒂·耶格夫妇决定举办夏令营,来帮助孩子们认识和参与仁爱者的事业,他们从来没有组织过类似活动,但在家人的帮助下,他们制定了一项计划。德士特承认:"我们知道自己会犯错误,但我们在尝试,而且每天都会向目标靠近一点。"

有时,我们加入别人的计划。阿尔和弗兰·汉密尔顿对联合黑人学院基金会产生了兴趣。阿尔回忆:"他们的座右铭——'浪费头脑是非常可怕的'——深深地触动了我们,所以我们决定为结束这种浪费提供帮助。在过去七八年中,我们同卢·罗尔斯一起合作,完成了为联合黑人学院基金会制作的系列电视节目。我们每年都会在家里召开盛大的晚宴舞会,向邻居和朋友表达需求,并鼓励他们提供捐赠。估计在过去几年里,我们共募集了近5万元的捐助,并且每当看到黑人青年从高等院校毕业时,我都会为自己的微薄贡献感到欣慰。"

经历了前妻去世和儿子本由此遭受的痛苦后,布莱恩·海洛森希望能够帮助情况类似的人远离痛苦。布莱恩和妻子戴德丽担任囊肿性纤维化基金会捐款募集人已达5年,今天,他们正在为有听力障碍的人提供帮助。

布莱恩回忆说:"当家庭陷于困顿时,人们经常对我说,'好事一定会来临的。'他们的话没什么用。事实上,我不止一次想向他们咆哮!妻子死了,儿子受苦,还有什么好事?就是世界上的好事加在一起,也弥补不了我的痛苦。我现在仍然认为那种同情对我没什么意义,但回顾过去,我发现他们说的是对的。当悲苦时的确有一些美好的事情会出现,那就是我们对他人的苦难越来越感同身受了。"

从1984年开始,安利及其营销伙伴为复活节封印协会筹集了960万美元。那笔款是由营销伙伴通过多次慈善晚会、拍卖、街头义卖、福利彩券、保龄球比赛以及个人捐赠的形式募得的。安利在全国富有仁爱之心的营销伙伴中组织了这些活动,付出了大量时间和金钱来完成这个目标。作为对他们仁爱情怀的回报,安利公司成为全国复活节封印协会系列电视节目"百万美元俱乐部"的五大赞助商之一。

当吉米和南茜对那些受虐儿童作出承诺时,他们便开始制订计划来实现它。吉米回忆:"我们需要为孩子们找更多的住处,所以策划了一次保龄球比赛,并请志愿参加的保龄球手向赞助人募捐,为他们比赛中击倒的每个球瓶捐款作为赞助。"

南茜回忆说:"在第一个圣诞节,我们希望每个孩子都能在圣诞树下收到一份特别的礼物,所以我们让孩子填写他们的愿望,然后把表格发给关心这些孩子的朋友和邻居。"

接着,吉米说:"我们计划着每个细节,然后开始行动!"

全力以赴,达成目标

投入一项援助可能会很麻烦,这也许就是为什么人们总希望别人去做的原因吧。深入到苦难者的生活需要付出全部业余时间、金钱和精力。帮助别人实现梦想,和实现自己的梦想一样,需要付出相同的努力和承诺。

简·塞弗恩的全部业余时间都投入到了助教上。"如果孩子们想得到某种教育,我们就要尽最大努力来帮助他们。"

斯图亚特·梅恩医生的安利事业使他有时间研究失眠,为患者解除痛苦。他解释道:"一名执业医师必须努力工作才能保证病人的数量。通常,我们并没有多余的时间去调查研究,也没有多余的钱买实验仪器或雇佣助理。这就是我从事安利事业的原因。念医学院时,我就有帮助失眠患者的想法。所以我把业余时间的每一分钟都用在实验室工作、调查、记录、阅读、实验、测试和观察上。"

"除非帮助别人，否则我不会感到快乐。"弗兰克·莫拉莱斯解释说。他和妻子芭芭拉建立了成功的安利事业。他们确立了很多帮助别人的目标，其中一个主要目标，就是用空余时间和金钱帮助社区的居民。1963年，他们搬到了加利福尼亚州的钻石岗。从那时，弗兰克开始担任业主协会主席，还被任命为名誉市长，并在桃谷统一校区董事会当了13年主席。他付出了数千个小时的义务工作，而且求助电话终日不断。

弗兰克承认："工作很辛苦，但也有一些小小的额外利益。当我的孩子从8年级和12年级毕业时，我亲手为他们颁发了毕业证书。"他回忆说："当你造福乡里时，会不时得到令人兴奋的额外奖励。我不想做英雄，我自愿服务，它们给我带来了乐趣。做了好事，你就会体会到生命的价值和意义。"

保龄球场悬挂的条幅上写着"保龄球之夜"。每条球道都站满了代表受虐儿童的志愿者。保龄球的滚动声、撞击声伴随着人们的喝彩声、笑声和欢跳的脚步声，人们异常兴奋。

比赛进行到一半时，吉米和南茜推着埃里克的轮椅，穿过了欢快、喧闹的人群。埃里克已经是个少年，但体重只有70磅，头骨中的维生器排出脑部毒液，一根不锈钢管被插进脊柱，从脖子一直到腰部，他要时常忍受发病的痛苦。一次中风又使手臂和腿部肌肉功能严重受损，但埃里克还是来到了这里，为那些受虐儿童打保龄球，尽自己的一份力。

吉米和南茜穿上了保龄球鞋，推着埃里克的轮椅走上球道。刹那间，挤满球场的喧闹人群立刻安静下来。吉米挑了个保龄球，跪到儿子身边。埃里克伸出那软弱无力、颤抖的手去摸那个球。

"准备好了吗，儿子？"吉米静静地问。

"好了。"埃里克俯视着长长的球道以及远处10个白色的木制球瓶，低声说。

南茜推着埃里克的轮椅到了预备位置。吉米为儿子指引方向，埃里克认真地瞄准，然后将球推到了光滑的木地板上，球开始向前滚动。随着球以很大的弧度慢慢地朝球瓶移动，人群中的每一个人都在祈祷奇迹的发生,吉米屏住了呼吸,南茜噙着泪水,埃里克也屏住了呼吸,等待着。

"全中!"人们一齐欢呼,父母同时俯身抱住了他们的儿子。

"这是为了孩子们。"埃里克说,抬头望着父亲,咧着嘴露出冠军般的笑容。

顿时,人群中爆发出一阵热烈的掌声。人们笑着、哭着,纷纷掏钱捐献。

吉米回忆说:"那晚筹集了19万元,可用作两处新的受虐儿童之家的首付款,其中一处将安置2~4岁的孤儿,帮助其结束痛苦并挽救生活。有位捐赠者带来了麦道公司签发的一张4万美元的支票。"吉米补充说:"但那天晚上,没有任何一笔捐赠可以比得上埃里克带给我们大家的礼物。"

就像吉米、南茜和他们的儿子埃里克一样,你和我也可以做出一些突破,只要我们相信这一点。当付诸行动时,我们的生活将发生改变——饥饿者将会果腹,衣不蔽体者会获得温暖,而病人和垂危者会得到慰藉。

第14章
为什么要保护我们的地球

> **信条14**
>
> 保护地球、保护家园,是人类义不容辞的责任。贡献时间、金钱保护地球,就是保护我们自己。
>
> 做地球的朋友吧!设想一下,我们每天能为保护地球做什么呢?

马太·伊皮勒坐在矮小、墩实的凳子上,在强烈的北极阳光下仔细检查着一只小小的象牙熊雕刻。由于饱经极地日晒、严寒以及干燥的寒风,他的皮肤像皮革一样黝黑发亮。他半眯着眼,以便能看得更清楚。

坐在户外进行雕刻,通常是夏天才能享受到的特权。冬季天气极度寒冷,马太裹着一层又一层的衣服,就像纤弱的小白熊。一只灰黑的爱斯基摩狗睡在马太身旁,身子一半在屋影下,一半在阳光下,享受着阿拉斯加式的"酷暑"。马太一边审视着熊雕,一边喃喃自语,狗则立刻竖起了耳朵,仿佛在听。在茫茫的荒野中,人和动物都密切关注着对方。

对熊足足研究了五分钟后,马太抽出一把厚木柄的钩形小折刀,小心翼翼地刻了下去,一道浅浅的刻痕便出现在熊鼻子上。马太停下来,举起小熊端详。他对刻痕很满意，于是转动刀柄，多雕了几次，以加深刻痕，直到嘴部看上去恰到好处。然后他放下小熊，雕刻工作便大功告成了。

雕琢熊看似是一件简单的事：体积小、不费力、无需精雕细琢。但事实却不然，它有一种强有力、很难界定的特质，就像史前洞窟里的壁画，马太的工作就是要雕刻出动物的特质。

马太说："曾有一本奥特朋的鸟类插图我很喜欢，但总觉得有什么地方不对劲。那些画画得很好，即使细微之处也技法高超，但似乎缺少灵魂。"他沉思了片刻，补充说："鸟的灵性没有展现出来，我想表现动物的精神。"

马太接着说："在这里，人们相信不只是人，动物也有灵魂。我们相信地球和它所有的创造物都有生命，如果我们肆意践踏它们，就会伤害至高无上的灵魂。"马太支撑着从小凳子上站起来。71岁那年，他克服重重困难、穿过无人区，怀着节约能源的想法来到这里。他绕到小屋背风的一侧，指着北方说："我们把这块土地称做'Nanatsiaq'，意思是'美丽的土地'。"

从房子这一侧看到的景象令人惊异。西北方是寒冷、崎岖的布鲁克斯山脉，耸立在北坡荒芜的苔原和阿拉斯加中部那片矮小的树林之间。东边是数不清的河流与小溪，流向浩瀚的育空河。

"你看到远处的阴霾了吗？"马太问。大约50英里处景色壮观，但视线从地平线向上移，颜色逐渐发生了变化，空气中泛着轻微的琥珀色，渐渐地消失在深蓝色的天空中。马太解释说："那就是你们所谓的雾，我不知道污染从哪儿来，当我还是小孩时，根本就看不到这种东西。"我们很难不为眼前的景象所震撼。烟雾？在这儿？

马太·伊皮勒，这名因纽特人艺术家、荒野居民，向我们说明了一个非常重要的事实：即使在离都市最遥远的地方，那些我们认为是最后避难所的地方，可以让我们远离大城市的喧嚣与污染的地方，仍然需要我们负起环境治理的责任。

马太的生活方式同这个地球非常和谐，这为我们提供了很多经验。我们虽无法完全仿效他的生活方式去回归原始生活，但可以培养和他一样的某些价值观。

如果没有意识到后代的成功和机会要靠我们保护地球生态环境的能力,那么谈论成功的可能性或自由企业所创造的机会是没有任何意义的。没有资源就没有财富!从马太·伊皮勒屋外看到的污染在提醒着,我们的所作所为可能会带来全球性后果。

每当想到环境问题是多么复杂、甚至有争议性时,我都会感到心情十分沉重。我不清楚你的想法,不能为你提供特定的解决方案,但可以告诉你我们正在做哪些努力,或许我们的经验能够对你有所裨益。

我们对地球的承诺

我们事业的成功,部分归功于我们的产品是对环境负责的。我们绝对不会销售那些会污染家乡或破坏全球大气环境的产品。

为了时刻铭记自己的责任,我们在环保使命中写道:

合理利用和管理地球的有限资源与环境,是企业和个人共同的责任。作为一家全球领先的日用消费品生产销售商,安利公司深知自己在支持和促进环保中的责任和角色。

这段简单的陈述是我们对地球负起责任的信条。我们相信这么做是正确的,然而仅仅相信还远远不够。正如通常所说的,只有承诺,没有履行,也是枉然;只有信条,没有行动,毫无意义。我们应该从何开始呢?

你所考虑地球上的所有问题,实际上都是区域性问题。如果你开始为东欧那些排放废气的工厂担心,那么你只会让自己沮丧,因为你束手无策。我们要做的,就是解决自己身边的问题。有时,某个局部问题的解决最终会有助于解决全球问题。马太·伊皮勒的"环境策略"首先从自己做起,在他的内心有一个承诺:做正确的事,并持之以恒,让自己更有意义。

我对环境的关心也始自一个承诺。安利公司投放市场的第一件产品就是乐新多用途浓缩清洁剂(LOC),这是一种生物可降解产品,不含磷酸盐、溶剂或其他任何污染地球的成分,领先于同时代的其他同类产品。是什么原因促使我们开发、销售这样的产品呢?是来自外界环保组织的压力?没有!是必须遵守那些负有使命的承诺?不是!是存在政府压力?不是!我们这样做的动因要比那些因素更单纯,更人性化。

杰和我对于密执安州大急流市有着终生不渝的承诺。大急流市因被大急流河一分为二而得名,它和其他湖泊、河流以及小溪环绕在亚达城安利全球总部周围,并穿过密执安州中部,形成了一道亮丽的风景。我们从小就在这儿钓鱼、游泳和嬉戏。但在成长过程中,四周环境发生的一些变化,让我们开始担心。

有些溪流两岸堆积了大量的泡沫状残留物,危及鱼类和植物的生存,还不时散发出阵阵恶臭。我们不希望自己制造出的任何产品会带来这种问题,毕竟,这是我们的家园。所以我们要开发那些不会污染河流、危及鱼类和植物生存或是在河岸留下很多垃圾的产品。我们希望子孙后代拥有和我们一样的机会,能够在美丽的、无污染的水流中嬉戏。

真正的环保主义者要从自身做起,从自己家乡做起,从微不足道的小事做起。如随手捡起街头的废纸,虽是小事,但关系重大。除非我们自己行为检点,否则没有资格谈论那些重要的问题。一屋不扫,何以扫天下?维护地球生态环境要从我做起,从家乡做起。

但清理家乡环境并不意味着不支持其他大型环保事业。我们必须权衡自己每天所做的决定,如果购买了对环境有益的产品,就等于为环保做出了积极的贡献。要对自己的行为负责,避免可能导致环境问题的消费。

除可降解的LOC之外,安利的大多数产品都是生物可降解的。我们对自己的产品进行浓缩,效果绝对是事半功倍。产品的容器可回收,一放到火里,就会烧成灰,不像塑料那样会对环境产生永久性危害。我们不以动物做产品实验,不会制造破坏臭氧层的产品。甚至办公室的东西也是可以回收的,我们从大豆制品中发明了一种生物可降解的包装材料,替代填充纸箱中堆积如山的聚乙烯泡沫。

安利不打算开展所谓的"绿色革命"活动,我们只做自认为正确的事。但是随着公司规模的扩大,这种环境决策所带来的影响也在扩大。1989年,联合国向安利公司授予了"联合国环境保护成就奖"。在当年的"世界环境日"那天,联合国秘书长哈维尔·佩雷斯·德奎利亚尔在联合国总部亲自给杰和我颁奖。说实话,我当时很吃惊,我们是有史以来第二家获得该奖项的公司。

更令人吃惊的是,我们所做的一切并无特别之处,只不过是做了应该做的事。大多数环保问题的要求其实很简单:人们只需做一些仁爱之事,它并非要付出某些巨大的努力,只不过是需要一点点觉悟。关爱社会的事虽小,但持之以恒也会影响其他公司和其他人。

1990年,联合国环境规划署发起了世界"地球日"纪念活动。安利公司是该活动的主要赞助人,而联合国正致力于搜集环保相关讯息、监察全球环境状况。这次活动让我有生以来第一次感到,解决环境问题取得了切实的进步。

这次活动和第一届"地球日"相比,可以说是盛况空前。第一届"地球日"于1970年4月22日在纽约和芝加哥等全国各个城市举行,2000多万人参加了盛会。但我必须坦言:实际效果未必有电视报道的那么好。

你还记得当时的场面吗?人们穿着喇叭裤和T恤衫,留着长发和胡须,穿着超短裙和比基尼,场面的确十分壮观。第一届"地球日"将许多不同的人和不同的观点聚集到了一起,会上讨论了对地球环境的关注问题,同时,也开展了一系列其他形式的活动。但我不得不遗憾地说,那些承诺还不足以推动我们所需要的变革。真正的环境改善不能光靠盛大的集会、冗长而缺乏执行效果的立法、不断的指责和标语口号,而是要靠仁爱的个人付诸实际行动。

地球面临的问题

我们应如何执行承诺?联合国将全球环境相关的重要问题进行了界定。我对其中的每一个问题都很关心,但都没有解决方案。安利公司赞助了世界各地诸多研究项目,希望能找到更多答案。但同时,我们每个人都知道弄清问题的症结更为重要，因为未来的环境和未来的经济发展息息相关。

滥伐森林。森林是仅次于石油和天然气的世界第三大宝贵资源，但更重要的是它在维持地球生态平衡中所发挥的作用：它为数百万物种提供了栖息地，保护土壤，防止水土流失，调节全球气候。然而，我们的森林正在以惊人的速度消失，世界各地都是如此。

哥伦布发现美洲大陆时，世界拥有覆盖面积达123.5万平方英里的森林，现在地球的森林覆盖面积大约仅为8.5万平方英里。20世纪以来，在我家乡的周围地区，平均每年至少有10万多棵树木遭到砍伐，而人们很少采取任何补种措施。现在，虽然情况有所好转，但问题仍然存在，并且相当严重。

耕地减少。大米及其他谷物的科学种植使世界粮食产量提高了140%以上，这是一种正确的理念，但由此产生的后果却有利有弊。

那些经过改良的作物需要大量的水、肥料和农药。虽然收成提高了50%，可所需的肥料总量增幅达4500%！

不久，所有这些肥料、农药以及水源也会让土地付出代价。地下水开始受到化学药剂的污染，大量灌溉使盐分残留在土壤中，不利于持续地农作。

动物灭绝。我的孙子非常关心大熊猫，但大熊猫的濒临灭绝会给我们的生活带来什么影响？如果某种微小昆虫灭绝了，与人类的生活有何关系？这正是我对孩子们所讲的生物多样性问题，它与大量的物种息息相关，生物多样性非常重要，它是生态平衡建立的前提。

生物多样性为我们提供了基本的"服务"：净化空气，保持地球温度，回收资源，肥沃土壤和控制疾病的传播。事实上，生物多样性价值非凡。

水土流失。由于风、雨或其他原因，地表土大量流失。表层土是农业生产的基本要素，尤其是我们要在表层土上种植农作物。在美国，大约每年要流失40亿吨的土壤——这足够填满绕地球24圈的火车或卡车。

酸雨。这是我们所面临的最具争议和最棘手的问题之一。酸雨是上升到空气中的工业污染同雨水在空气中混合作用后形成的。在某些地方，酸雨带来了非常严重的后果，尤其在波兰，酸雨极度严重，竟能侵蚀铁轨。在加拿大安大略省，据说300个湖泊都已被酸化，致使鱼类无法生存。在希腊的雅典，古老的纪念碑表层在下雨天会像溶化的冰块那样被溶解掉。我仍然不确定问题究竟有多么严重，但我愿开诚布公地与大家共同探究事实。一旦查有实据，不管付出多大代价，我们都必须付诸行动。

臭氧层空洞。根据科学家搜集和分析的数据，臭氧已经遭受了很大的破坏。1988年，由100名科学家组成的国际工作小组进行了一项权威的调查研究，并得出结论：在过去短短20年里，臭氧层已经被耗尽了3%。这种损耗可谓相当之大。

有些大公司出于道义上的考虑，决定逐步停止生产一种被称为氟氯化碳（CFC，俗称氟利昂）的化学制品，以期遏制对臭氧层的破坏。而安利早在10年前就已经禁用这些化学品了。

温室效应。地球有它自己的空气调节系统。此刻，地球的温度是55华氏度，亦即全球的平均温度。相较之下，金星就热多了，约858华氏度。虽然我们不必担心金星的温度上升了多少，但有证据显示，我们赖以生存的地球正在逐渐升温。没有人真正知道它上升得多快以及会有什么后果，但预计未来50年，温度的上升范围将在2.7—8.7华氏度。

导致温度上升的原因是所谓的"温室效应"。这是由于空气中的有害气体不断积聚，阻碍了阳光热量的散发。二氧化碳是罪魁祸首，由汽车、工厂、各种机器设备燃烧汽油等燃料时产生。1800年至今，大气中二氧化碳的含量已经增加了25%以上，而1800年以前其含量几乎没有变化，持续了数千年之久。

沙漠面积扩大。也称为"沙漠化"，即肥沃的土壤变成不毛之地的过程。沙漠化是先前谈及的土壤退化的最终结果。事实上，它与以上提到的几个问题都有关系：森林砍伐、土地盐碱化以及土壤侵蚀。据联合国估计，仅1980年，由于土地沙化而给农业带来的损失约为260亿美元。

水污染。令人庆幸的是，现在地球上的水资源总量与人类开始滥用之前完全相等，没有任何流失。而令人担忧的是，大量的水资源遭到污染（盐碱化污染和工业污染）、不可利用（被锁定在流动的冰里或地下水层）

或难以重新利用（几乎有2/3的世界河流径流量损失在洪水当中）。

在地球全部水资源中，只有3%是纯净的。保持水源的纯净是一项重要的工作。环境保护局已经确认美国的饮用水中含有700多种化学物质，其中129种是有毒的。35个州已确定其地下水受到工业有毒废水的污染。

水是我们最宝贵的资源之一。事实上，安利人对此非常关心。1992年世界博览会在意大利热那亚举行，安利赞助了这次会议，我的合作伙伴杰·温安洛被任命为美国官方大使参加了这次重要活动。这次博览会使人们注意到水资源对美国发展的重要性，以及保护这一宝贵资源的必要性。

联合国将这些影响生态平衡的问题提上了议事日程。但事实确实如此吗？世界末日的情形确是这样吗？在我们决定成为仁爱企业家之时，就包含了对世界的责任。在我们想贡献自己的力量之前，必须先了解问题的症结所在。然而，我们所面临的问题错综复杂，很容易在判断上出错。

了解地球真相

我们有责任探明事实的真相。仁爱者见多识广、博览群书，具有批判性思维，但从不吹毛求疵，而惯于运用批判性思维努力探究客观事实，提出实质问题，并做出合理判断。

我们思维开放，能听取正反两方面意见，只向真理低头，从不偏听偏信。同时，我们还善于运用自己的思维和智慧。

培养健全的怀疑主义是一个良好的开端，尤其是对于数字的怀疑。你问一个大学生："这些统计数据说明什么？""去问统计学家！"他马上回答。这虽是个小笑话，背后却隐藏着一个危险的事实。现在的报纸、杂志、电视记者和评论员都善于把统计数据搞得满天飞，我们可以用数字来证明和驳斥任何事情。但是要小心，你知道他们在数据之外还说了些什么吗？那些数字就像比基尼泳装——展示给你的都是有趣的，却隐藏了重要的东西。我们要有追根究底的精神，深入挖掘数字背后的真相。

事实往往比数字更有说服力。

当你探究事实真相时,不要害怕别人知道。如果他们不知道事实的真相,那就让他们了解。如果你对某个问题知之甚少,那么在了解真相之前就不要妄下结论,这有助于你对他人养成诚实的风范。

一旦你决定去探究事实真相,就会发现有很多东西可以深入挖掘。你也不能甘于无知,无知是危险的,会淡化问题。有很多问题迫切需要解决方案,我们需要关注它们,毕竟未来就取决于这些问题的解决与否。但应如何开始解决这些环境问题,并兼顾人类的物质需求呢?正如前文所谈到的,我们必须先从自己对社区的承诺开始。

尽管存在着诸多问题,但这个世界仍然很美好。世界赐予了我们诸多资源,并伴有很多发现。我们人类可能有自身的弱点,但经过这么多世纪的发展,也证明了自身的力量和适应能力,所以,不要绝望,不要让那些预言者的宿命论吓倒你。世界仍然充满了希望,充满了各种可能性,也有很多让我们对未来保持乐观的理由。

制订你的行动计划

既然对人类和环境需求有了更多的了解,那么现在就应该制订个人计划来实施。

以下是你制订计划时可供参考的要点:

1. 缩小关注范围,集中到你能为社区和邻居力所能及的行动上。

例如,关注身边的一个贫困家庭,而非世界饥饿问题;教一名学生,而非世界文盲问题;回收家里的废弃物,而非燃料枯竭问题;节约家庭用水,而非水资源短缺问题。

2. 决定如何做才能符合环境或人类的需求。

帮助贫困家庭:为他们提供临时救急食品;帮助联络其他的紧急救援;帮助找到临时或长期的工作;了解其在医疗、教育以及交通方面的需求。

救助失学儿童：到附近学校去调查是否有接收失学儿童的计划；规划你能抽出的时间；一旦有学生需要帮助，一定要履行承诺。

家庭垃圾回收：找一份回收利用垃圾的小册子或文章，同家人分享这些资料并建立回收小组；尽可能去了解所在城市的回收再利用计划；在你的车库里配备回收桶；参与垃圾回收的服务或定期将废品送到回收中心。

节约家庭用水：找到你上个月的水费单，看看上个月用了多少水。发动全家人共同参与节水计划，配备各种节水装置，帮助家人制定用水新目标，比如沐浴的时间或新方法；清洗道路的节水方式；洗碗碟和衣服的总时间或新方法。然后你可以看看下一次账单，相信一定可以庆祝节水成功。

3．写下你打算采取的步骤（参见前面的例子）。

4．为每一步订立时间和目标。

5．检查每一步骤实施情况。

6．庆祝你的成功（包括那些帮助你的人）。

7．从失败中吸取教训（以便下一次做得更好）。

8．寻找新的目标，并重新开始。

仁爱从家中开始。 如果上面的例子看似太简单，那么请原谅，我并不知道每个人能为终结世上的苦难和浪费做些什么，对我而言，解决世界的问题得从家乡开始。一旦我们开始在家乡满足人类和环境的需求，就有能力达到地球所要求的目标。

仁爱始于点点滴滴。 我知道，你有能力在你的社区中完成更了不起的事，而非仅仅是为贫困家庭提供食物、辅导失学儿童、节约用水，或是回收家里的报纸、玻璃瓶和金属废品。但如果你还没有从这些细微之处着手，那以后真能做更大的事情吗？

有很多大事等着我们去做。我们必须在更广阔的范围内实践仁爱。

在任何可能的情况下，我们都要想办法激励人们，使其能够自给自足。联合国世界环境与发展委员会1987年曾指出：贫困和工业化一样对自然具有破坏性，富裕地区的人们可以有更多的选择。并非只有开发商，那些穷苦百姓也在砍伐亚马逊森林，以种植更多的农作物或喂养牲畜来养家糊口。虽然其结果是破坏性的，但动机却是我们都能理解的，当你在忍饥挨饿时，很难为长远打算。

我们的事业会为更多的人带来切实的希望，让人们实现自给自足。在美国及世界各地，提高自给自足的可能性，还要进一步扩大我们的想象力，提升解决问题的能力。我们必须找到各种可行的方法，鼓励当地的企业家和地方团体解决环境问题。

例如，"文化生存企业"是一个致力于本地人合作、帮助收获并销售雨林产品的组织，它销售水果、坚果以及从雨林植物和树木中提取的油脂，并将收入返回给本地人。第一年，该组织就售出了价值将近50万美元的产品，第二年更达到数百万。该机构使雨林区的作物（如巴西坚果）比木材更有价值，因而经营能持续下去。这种解决方案抓住了问题的根本，找到了环保的解决办法，同时也给当地老百姓找到了谋生之路。

根据我的经验，奖励是最有效的方法之一。如果大举奖励人们去做正确的事，他们会不负所望。我想人们并非真的想要伤害地球及其生物。我知道确实有一些贪婪的人，但更多的是那些头脑简单的无知者。对于大多数人而言，如果给予其机会和奖励，他们就会对自己的行为负责。

经济刺激非常有效，但并非是唯一的激励方式。认同感和满足感也很有效，实现理想就是一种自我奖赏。为邻居和地球做事所带来的满足感，可以成为最有效的奖励方式。利他主义有助于培养企业家精神。

有时，奖励可以是利他主义与些许竞争精神的结合。以爱达荷州的科林·迈耶斯为例。在1979年，当地几名高中教师举行了一场竞赛，看谁能把账单降至最低。迈耶斯计划在一年内把账单减少60%。他买了一台新的节能冰箱，房子增加了保温层，补上了窗户，安上了用绝热材料制成的大门，淘汰老式耗电的热水器，换成新节能型的，并用一台煤气灶换掉了旧电灶炉。小小的激励使迈耶斯采取了这么多行动！

把热爱土地和节约燃料结合起来，也不失为一种激励的好方法。1985年，一位肯尼亚妇女发起一场运动，鼓励人们采用节木建筑和改良炉灶。有10万人参加了这一活动，这期间虽然遭到砍伐者的阻挠，但他们成功挽救了数千棵野生动物赖以生存的树木和植被。

对人们的努力给予奖励是非常重要的。事实上，安利设立了一个基金会，来奖励基层的环境保护积极分子。以弗雷德·怀特为例，他是芝加哥公园区回收利用计划总监。怀特看了关于用回收的塑料制品生产"木材"的报道，心想：为什么不使用这种材料来改建那些旧运动场？于是，他建立了一个全市范围的"为公园整形（Plastics On Parks）"计划。

这个简称"POP"的计划是收集废弃的塑料容器，并将它们制成"木材"。芝加哥的居民可以把塑料垃圾送到全市263个收集地点。从1989年起，他们以吨为单位收集废品，总共搜集到垃圾超过200万磅，并把其转化成全市半数以上运动场（全市共有663个运动场）的建筑材料。这是从宝贵的垃圾场中分离出来的"无价之宝"，塑胶材料用于建造运动场的墙壁和座位区。怀特说："起初，它可能贵了点，但从长期来看，它更省钱，因为可以使用30—40次甚至更长时间。"另外的好处是，它需要的维护非常少，并且经得起乱写乱画。

戴维·基德是一位户外运动爱好者，他曾划着独木舟顺江而下，结果被沿途两岸森林的自然美景深深吸引。这次经历使他认识到自然的所有个体都扮演着重要的角色。基德说："树木就像环境的吸尘器，每一片树叶都吸进脏空气，并为我们呼出干净的空气。"从那一刻起，基德决定要组织人们种植百万棵树。

他发现只要花10美分就可以购一棵两岁树龄的树苗，但购买数百万株树苗所需要的费用却无力承担。所以，他恳求当地的罗特俱乐部和其他组织来赞助他购买树苗，并分发给愿意种植的居民。今天，基德以俄亥俄州斯塔克郡为基础发展起来的"美国自由植树工程"，已经成为该州规模最大的民间志愿者项目，种植了超过82.6万棵树。1990年10月，基德获得布什总统为他颁发的"泰迪·罗斯福保护奖"。基德骄傲地说："我们要告诉全国大众一条消息，那就是改变世界上事物的发展方向，的确是有可能的，因为环境并非是一个简单的问题——它是我们的生存空间。"

马克斯·肖克博士是贝勒大学的数学教授，20世纪70年代石油危机之后，他开始寻找其他替代能源，并最终得出结论：乙醇——一种从农产品中提炼出来的酒精是石油燃料的可行替代品。"你可以从甜菜、谷物，几乎任何包含淀粉或糖的东西中提炼出乙醇。而且它很便宜，可再生，低污染。"肖克说。

1980年，肖克把这种替代能源运用于飞机飞行测试。9年后，肖克和他的妻子格拉齐亚·赞宁从得克萨斯州的韦科市乘坐自制的飞机，飞行6000英里到达法国巴黎。那次飞行为他赢得了航空领域的最高奖——哈门勋章。肖克现在是贝勒大学的航空服务部主席，他在那里继续研究替代能源的可行性。肖克说："石油是有限的资源，然而，替代能源则是现今每个国家都有能力制造的东西。"

吉姆·奥尔德曼是特拉华州刘易斯市开普·汉洛朋中学的生物学和海洋学教师，他一直帮助学生做有关环保的试验。学生居住在大西洋和内陆湾附近，那里是环保的敏感地带。多年来，学生种植了长达三英里的沙丘草来巩固受侵蚀海滩上的沙土，并使濒临灭绝的海鸟得以重返此地。

在学生们的努力下，特拉华州海鸟濒临灭绝的状况已有所好转。学生们选定了一条河流并监测其污染情况；沿着国家野生动植物栖息地的敏感地带，他们还修了一条宽阔的走道，借以分析环礁湖的细菌样本。奥尔德曼骄傲地说："这些项目的确有助于他们了解我们生活在一个非常脆弱的环境里。"

以上这些人的故事令我感到骄傲，充满希望，人们做出有益的选择总是很容易。我们公司就曾为作出的某些决定而努力奋斗，并引发了我们对自身灵魂深处使命的探索。

我们正在销售的产品中，还有哪些仍然对环境具有潜在的危害呢？据发现，为数并不多，但少数产品，比如腐蚀性清洁剂，似乎具有潜在的危害性，所以我们毅然放弃生产该产品。尽管仅此一项决定就使我们损失数百万美元，但这是正确的决定。我们还决定改进部分产品的包装，以减少浪费，鼓励回收。

说实在的，有时为环境做出一项决定需要付出昂贵的代价。唯一的短期回报可能就是对得起自己的良心，但这同时也意味着自己要将口袋里的钱掏空。但就长期而言，无论你如何认为，它都是一项正确的决定。放眼于长远，资源得到了保护，财富得到了增加，我们后代拥有的机会得以增多，并且还保留了一笔遗产。

1989年，在纽约联合国大会的主画廊，安利环境基金会赞助了因纽特人当代著名作品展，主题为"北极的主人"。

我们将那次展览奉献给像马太·伊皮勒那样的因纽特艺术家，他们久居遥远的阿拉斯加北方、加拿大和俄国。那次展览非常受欢迎，作品完美呈现了力与美的结合——呈现了不同的动物造型，如熊、海豹、鲸、北美的驯鹿、猫头鹰、海象等。这些动物中大多数是由因纽特猎人捕获的，但他们在猎捕时，心中却本着只取所需的原则。对他们来说，动物不仅仅是动物，更像是邻居，它们受到尊敬，甚至被敬畏。这从他们的作品中就很容易看出来，这也许正是展览之所以受欢迎的重要原因吧。

展览从1989年开始巡回展出。1992年6月，为纪念地球峰会，我乘飞机到巴西里约热内卢为展览揭幕。按照旧例，我提早去观看，当时，展览还没有正式开放，我独自一人在展厅走着，在一个小展台上看见了一只小北极熊。它让我想起了马太·伊皮勒。这只熊不是用象牙做的，而是用白色和灰色大理石制成。它不是马太的作品，是来自加拿大的多塞特海峡的因纽特艺术家卡克·阿什纳的作品。

但是像马太的熊一样，作品充满了生命力，四肢挺立，头侧向一边，好像在说："嘿，朋友，看看我！"它的嘴经过了精雕细琢，就像马太的雕刻技法。这件雕刻刀法简练而极富表现力，充分显示了作者对熊的爱和透彻了解。卡克·阿什纳就像马太·伊皮勒一样，真正了解他的邻居以及生活于此的生物。

此刻，我想到了在"北极的主人"第一次展览上的献辞："透过他们的艺术和历史片断，因纽特人向我们展现了一个环境日益遭到破坏的世界，也告诉我们，尊重大自然的规律、与大自然和谐相处，不仅是可能的，也是必需的。他们这种与大自然和谐与共的生存方式具有特别的意义。在世界最残酷的环境中，因纽特民族几千年来绵延不断，不仅顽强地生存着，而且创造出了展现当下人类生存状况的丰富的艺术遗产。"

我对自己社区的梦想和对国家及世界的梦想，就是它们都能像因纽特人一样存续数千年。为了使之成为现实，我们必须具备马太·伊皮勒关心其邻居的精神，真正去了解它们，呵护它们。虽然每个人所能做的非常有限，但我们必须从身边开始做起。

　　我们必须尽全力贡献自己的力量，激励人们或给人们机会做出正确的选择。不能只寄希望别人来做这些工作，每个人必须要勇于担负起自己的责任。如果都从自身做起，或许我们就会重新看到蔚蓝的天空，再度领略到地球赐予的充满生机而神圣的礼物。

第 15 章
我们将得到什么

> **信条 15**
>
> 奉献时间、金钱和经验去帮助他人,可以实现爱的传递,这将有助于实现个人价值和社会繁荣。
>
> 所以,无论何时,如果你厌倦了行善,就请想想"报偿法则"。你所付出的每一点时间、金钱或精力,都将获得回报。

有一个故事,说的是特迪·斯特兰德这个 10 岁的"愣头青"。他不洗脸,不梳头,衣服皱皱巴巴,其他孩子在背地里、有时甚至当面叫他"脏鬼"。在汤普森小姐家庭学校的五年级学生里,特迪最不起眼。汤普森小姐叫他时,他不是趴在桌子上昏昏欲睡,就是含混不清地答非所问,神游太虚。

汤普森小姐尽可能平等地对待每一个孩子,却很难喜欢特迪。她讨厌叫到特迪,给他批改作业时,划的红笔印也比其他学生的格外粗一些。直到今天,她仍旧承认:"我本该了解更多一些,应该多留意特迪的档案。"

一年级:"特迪看起来很有前途。由于家庭纠纷不断,特迪深受影响。"

二年级:"特迪似乎很有能力,但注意力不集中。母亲病得很严重,他很少得到父母的帮助。"

三年级:"特迪的母亲去世。这个孩子极聪明,就是精神不集中。他父亲从来不对家访电话做任何反馈。"

四年级:"特迪进步很慢,但表现尚可。他偶尔会因为想起妈妈而大哭。父亲对他漠不关心。"

五年级班的圣诞联欢会,有一棵孩子们装饰的圣诞树,还有堆放在老师桌上的五彩缤纷的礼物。假期前一天,全班学生都围着汤普森小姐,看着她拆礼物。在礼物堆的最下面,汤普森小姐惊奇地发现了特迪·斯特兰德送的一份礼物。其他礼物都是用金箔和亮丽的丝带包装,特迪的这份礼物却用皱巴巴的普通褐色纸包着,还缠着透明胶带和绳子。上面用蜡笔歪歪扭扭地写着:"给汤普森小姐,特迪。"

打开包裹,里面是一只镶着假钻石的手镯和一瓶廉价香水,手镯上的假钻已经脱落了一半,香水瓶也快空了。女孩们大声嘲笑起来,男孩们则做着鬼脸。为了不破坏圣诞节的气氛,汤普森小姐举起手,示意大家安静。当着孩子们的面,她戴上了那只手镯,并在手腕上撒了几滴香水。

"是不是很香?"她问孩子们。在汤普森小姐的暗示下,孩子们纷纷"嗯、啊"地表示赞同。活动结束,父母把各自的孩子都接走了。汤普森小姐注意到特迪还坐在他的课桌前,抬头望着她,甜甜地笑着。

"特迪?"她知道特迪家很远,所以奇怪他为什么还没有走。

特迪慢慢地从课桌旁站起来,走向老师。他耳语般地怯怯地说:"你带上我妈妈的手镯,特别漂亮,你洒上香水,闻起来就像我妈妈一样。"

突然,汤普森小姐意识到,这两件在"一元店"就可以买到的礼物,是孩子最珍贵的"财产"。

她俯下身,强忍着泪水,轻声地说:"特迪,谢谢你的礼物,我非常喜欢。"

"别客气。"特迪回答。孩子站在那里,微笑地看着老师,好一会儿,一句话也没有说,然后从挂钩上取下夹克,匆匆离开了。

特迪·斯特兰德的故事一直持续到多年以后。汤普森小姐充满仁爱之心的小小举动,会为他们两个人带来什么?为什么汤普森小姐会有仁爱之心?当两件便宜货从普通褐色包装纸中掉出时,她为什么没有报以嘲笑？为什么她要戴上那只破手镯，撒上过时的香水？为什么她要举手制止学生们的嘲笑，暗示大家要赞赏特迪的礼物？

　　幸运的是，汤普森小姐意识到在那个时刻，特迪有着多么强烈的渴求。她在短短几秒钟内就两种可能的反应作出选择：或者给学生带来希望，或者报之以嘲笑。这几秒钟的决定，不仅攸关特迪的未来，而且对两个人都影响深远。

　　如果汤普森小姐报之以嘲笑，或者对特迪的礼物置之不理，特迪（或者汤普森小姐）将会怎样呢？当她以他的礼物为荣，给他以超乎其他孩子的称赞，特迪（或者汤普森小姐）又会怎样？虽然文中用了化名，但故事却是真实的。老师的仁爱行为永远改变了特迪和汤普森小姐的一生。

　　此时此刻，你我不难发现，我们都处在相似的环境中，原谅我不停地重复这些看似平常的事实，但我们的确生活在危机重重、麻烦不断的时代。像特迪、我们的邻居乃至其他很多人都充满了渴求。我们该如何回应？无论我们做出什么样的选择，受到影响的将绝对不仅是他们，也包括我们每一个人。

　　不难理解，发现需要并施以援手，会给施受双方的生活都带来积极影响，接受他人的馈赠是一种美好的感觉；那些努力工作、慷慨奉献时间、金钱和经验的人，将获得比付出多数倍的回报。

　　在安利公司，我们称之为"报偿法则"。俗话说："一分耕耘，一分收获"、"种瓜得瓜，种豆得豆"，这些都是灌输到每一代人脑海中的真理。

　　我们每天都会面对上百种不同的情况，需要像特迪·斯特兰德和汤普森小姐一样，必须在两难间选择。而我们所做的选择，都会攸关其他人。有这样一个小故事，有助于理解这一点。

　　一位富人远行前，给第一个仆人5枚金币，第二个仆人2枚金币，第三个仆人1枚金币。第一个仆人以其聪明才智做买卖赚回了一倍的钱；第二个仆人用钱作投资，也赚回了一倍的钱；第三个仆人害怕风险，把钱埋在地里，等候主人回来。富人出游归来，头两个仆人因为理财有方，获得了奖赏。他告诉仆人们："做得很好，你们是善良又忠心的仆人，做事忠心耿耿，我将分派你们管更多的事情，让你们享受做主人的乐趣。"

第三个仆人捧着那枚纹丝未动的金币瑟瑟索索地站在富人面前说:"主人,还是这枚金币,我怕有闪失,埋在了地里。"富人闻言大怒,指着这个仆人说:"把他的金币拿过来,给那些敢冒险的人。"

这个含义深刻的小寓言,几个世纪以来一直困扰着人们。有人说,无论我们生命中拥有什么,都不属于自己。生命中的一切都是命运的恩赐。在短暂的人生中,我们只是财产的管家(或者租借人)。我们被赋予期望,对财产明智投资,使之倍增。无论财产多寡,我们都被称为财产的好管家。同样,赚取利润和赠予也是一样。播下足够的种子,必会获得丰厚的收成;不去辛勤耕耘,只会导致空想、饥饿和死亡。

当然,我们不能崇信不择手段的拜金主义和不惜代价的恶性竞争。公平竞争和仁道地获取财富有益于社会。但如果我们忘记了报偿法则,就会造成对大多数人利益的滥用。我们怀有仁爱之心,别人也会以仁爱回报。抛弃仁爱之心,我们将遭受相同的报应。

我们必须对世界生态和资源抱有仁爱之心;必须对头顶的天空和脚下的大地、海洋、森林、沙漠以及生活于其中的一切生物抱有仁爱之心;必须对选择开发和销售的产品以及建设或租用的设施抱有仁爱之心。雇主必须对员工仁爱,而员工应该给雇主更多的仁爱。我们设计包装、产品定价甚至广告宣传时,也应该考虑仁爱。并且在使用自己的收益、工资、奖金、时间和才干时,也必须以仁爱原则作为指导。

行善!努力行善!你就会得到回报!——这就是"报偿法则"。

行善。在90年代初的美国,每年有8000万人自愿行善,每位志愿者每周做义工4.7个小时。虽然成千上万富有经验、精力充沛的退休人员加入到了志愿者行列,但志愿者的平均年龄仍在35—59岁之间。不但生活富裕的人加入行善行列,而且有25%的志愿者来自年收入2万元甚至更低的低收入家庭。

这其中有安利公司的很多朋友,他们带头投入时间、金钱、精力和创意到慈善活动中,我为他们感到骄傲。我并不想进一步阐释行善对个人有什么意义。每个人对行善都有自己的界定。生命召唤我们伸出援助之手,慷慨奉献热情去行善。

你相信"一份耕耘，一份收获"吗？那么，现在就开始播种吧。找到一项你崇尚的事业，去奉献、支持它。找到一位有成效、值得信赖的社会企业家或者服务组织，当作自己的事情去扶持。无论你做什么，都认真、慷慨地去做，坚持下去，你会收益颇多。

努力行善。如果典型的志愿者每周奉献 4.7 小时做善事，我们应拿出多少时间？如果每个家庭平均拿出 2%的收入捐献慈善事业，我们应拿出百分之几？我们奉献时间和金钱的目标是多少，是否把它们写了下来？像志愿者一样，我们一周愿意拿出多少时间，捐出多少金钱？只有我们自己能设定目标并自始至终完成它。

在考虑做一个慷慨的、值得信赖的服务者之前，没有人能告诉你究竟应该付出多少时间、捐出多少金钱。安利公司的朋友们在这方面有着坚定的信念。我们很容易在每个月末找到理由，拿出全部或者部分善款帮助别人建立事业、支付账单。正如海伦告诉我的，当你为做善事而努力工作时，当你不计得失作出承诺并且坚持履行承诺时，你会为得到的回报感到惊讶和兴奋。

戴维·塞弗恩是一位成功的企业家和忠诚的仁爱者。他拿出总收入的 1/10 去帮助他人，我欣赏戴维和他坚定的信念。包括戴维和简·塞弗恩在内，我的大多数朋友都出于他们的仁爱意识和承诺，而非由于恐惧才捐出时间和金钱。他们因为善的乐趣而行善，并从中获得了良好的自我感觉，长久之后，他们更会有惊人的收获。当我们努力工作去实现自己及他人的梦想时，所有的辛勤付出就不再是辛苦了。

然而，在你我的生命中，没有任何事是不付出努力便能成功的。我同某些人交谈时总会感到惊讶，他们信心满怀、敢于梦想，甚至为实现梦想制订了计划，但他们竟然认为实现梦想无需付出努力。

努力意味着付出时间。如果你想成为一名成功的创业者，就必须长时间地工作。如能有效管理时间，你也可以贡献出时间和金钱做善事。成功人士珍惜时间并善于利用它，他们不会在晚上看电视，早上睡懒觉。因为需要把更多的时间投入到生产上，所以他们更有生产力。

如果我每周工作 40 个小时，而你工作 80 个小时，为什么我要对你能赚更多的钱或有更多的钱去行善而惊讶呢？我们有机会努力工作赚更多的钱，并将剩余的钱转变为资本，进而投资到事业中，或者服务于他人。

长时间工作和完成计划密不可分。诺贝尔奖得主、经济学家米尔顿·弗里德曼的学说，使得"天下没有免费的午餐"这句古谚在社会上更加普及。这是从另一个角度在阐释，成功没有捷径可走，成功不是没有代价的，必须努力奋斗才能获得，而付出时间只是其中的一部分。

努力意味着坚持。坚持就是"按照规则、持续地行动"。也就是说，世界上没有只靠才干而无需强大的意志力就可做成的事。想要成为NBA明星，就意味着你在能用手握住球的年龄时，就必须站在篮球场上练习传球和投篮；想要成为音乐会上演奏的钢琴家，就意味着你的个子长到刚能爬上琴凳那一刻，就必须开始每天练习数小时的音符和弹奏。成为成功的创业者，关键在于必须有意志力去坚持。

几乎毫无例外，成功者都经历过多次的失败。杰和我也经历过失败，但我们从来没有放弃。所以，请你也不要放弃。

或许我们只是有些顽固罢了。顽固和坚持非常相近。坚持好的东西是"坚韧不拔"，坚持坏的东西就是"固执"。

固执是顽固者的特点，而坚持则堪称圣人的品质，千万不要将二者混为一谈。如果把"顽固"当成坚持，我们就永远不会达到有意义的目标。绝不能因"顽固"而陷于愚蠢。但我们必须坚定地追求成功，虽然成功不可能一蹴而就，但坚持最终将引领我们达到胜利的彼岸。

努力意味着纪律。一位16世纪的作家曾经说过："我当然是我的国王，因为我知道如何管理自己。"自律就是掌控自己的生活，这对于有抱负的人来说非常重要。

我必须承认，任何一项建议，只要包括"自律"一词，就不太受欢迎，但自律确实是必要的。自律是我们加诸于自己的纪律，而非他人加诸于我们的纪律，两者大不相同。

我们愈加自律，就愈少受制于他人。一个理想的自律型社会是不需要法律的。但大多数人自律不够，所以我们需要法律。

自律的企业家有自己的行为准则。遵守有规律的生活方式意味着可以更快地迈向目标。通过自律，我们会获得自由。如果没有自律，我们的生活就会被他人主宰。我们必须在两者间作出选择。

努力意味着保持你的洞察力。在美国传奇颂歌"亨利之歌"中，约翰·亨利挥舞着自己的大锤，和新式的自动化汽锤展开生死竞技，他的妻子和孩子却在一旁显得无比无助。约翰赢得了比赛，但他丢掉了性命。

努力工作并不意味着盲目干活儿，到死为止。我们必须反对像奴隶一样，为了一个不能或者不会实现的梦想搭上自己的性命。我们必须保持警惕性和洞察力，有时我们的梦想也需因此而改变。

保持洞察力，知道何时能成功，何时会失败，何时应该放弃一个梦想并开始另一个梦想，这需要提出并回答一些坦率而痛苦的问题：我是否喜欢正在做的事？我做得是否出色？我是否拟订了计划，是否在全力以赴？哪些机会能带给我成功？我是否掌握自己领域中的资讯？我的技能是否得到了提高？我对同事是否慷慨？

旧金山巨人队的投手戴夫·德雷弗凯在一次癌症手术中，切除了手臂上50%的肌肉。但他仍梦想着东山再起，在历时数月的痛苦治疗后，掷出了8个有力的击球，以4∶3打败了辛辛那提红队。当戴夫的梦想实现时，全世界都在为他欢呼。

然而，在他获胜的第五天，惨剧发生了。在蒙特利尔一场比赛的第六局投球中，戴夫的手臂骨折了。这位年轻的运动员遭受着肉体上和精神上的双重痛苦，他再也不能投球了。更糟的是，由于数月的放射治疗和病毒感染，医生不得不切除了他的手臂。

一个梦想破灭时，另一个梦想就在他的心中诞生。尽管戴夫很失望，但他仍然有勇气和洞察力来放弃旧的梦想，开始新的梦想。

你的梦想是什么？它将把你带向何方？行善！努力行善！你将得到报偿！

仁爱有助于保障我们的福利！在许多方面，仁爱是自由和未来的保障。如何保障？很简单。如果我以仁爱之心待你，你很可能会以同样的方式对待我。如果我很贪婪，并竭尽所能地为自己谋利——也就是说，如果我限制了你的自由，我怎能期待你会尊重我的自由呢？没有仁爱，我的行为只会激发贪欲。

但如果我对你报以仁爱之心，并提升你的自由，情况会怎样呢？如果我承诺给你和我一样的权利和利益，又会怎样？如果我切实提升了你的权利和利益呢？那样的话，我对你的福祉的关心不仅确保了你成功的可能性，也会确保我自己的。

仁爱之心对施受双方都有好处。"你想让别人怎样对待你，你就怎样对待别人"，这句金玉良言是"报偿法则"的另一种表达方式。它既是一条精深的哲理，也是非常实用的生活忠告。"仁爱情怀"既是精神上的利益，**也是你自己最好的投资。**

约翰·亨德里克森以前是威斯康星州的高中老师，他和妻子帕特建立了非常成功的事业。慷慨地付出时间和金钱，是他们成功的主要因素。

帕特说："有时慷慨并非明智之举。比如，当约翰还是明尼苏达州的中学教师和乐队指挥时，孩子们都喜欢他。由于约翰的领导，他的乐队在该地区比赛中赢得了大家的肯定。然而，约翰很快意识到，不论他表现多好，都得不到应得的报酬。校长向他承诺，约翰可以永久地留下来，但他婉言拒绝了。因为这对于我们的生活来说，是致命的伤害。只有拥有自己的事业，才能够自由地按照自己希望的方式，慷慨地对待所信任的人和工作。"

约翰解释说："我们最近去了一趟英国，与一些刚起步的朋友进行交流。这趟旅行花了数千美元，但我们还是去了。这不仅是出于慷慨，也是期望有一天，这次旅行能够给我们带来回报。"约翰同时也说："我不认为付出时间或金钱像某些人鼓吹的那样，是充满高尚理想的。当然，我们给予那些需要的人以帮助，同时也满足了自己的需要。对于我和帕特来说，我们付出的时间与金钱越多，所得到的回报就越多。"

仁爱有助于解救受困扰的良知。你是否还记得孩提时，你的良知是多么鲜明且历历在目？如果做错了事，你就会感到内疚。小孩子不善于掩饰错误，因为他们有很强的良知。当我们长大后，便失去了对良知的直觉，但它并未消失。有些成年人试图将其抛到九霄云外，而大多数人只是失去了部分良知。

也许你的良知不会因他人遭受痛苦而感到困扰，我想那可能是因为我们对之无能为力。但恻隐之心、仁爱之举是从内心深处油然而生的，没有人能够替你去构造。

如果我无视自己的良知，对身边的苦难无动于衷，那只会让我更痛苦。良知上的痛苦是一种好兆头，它使我们注意到了良知，至少当我们痛苦时，能够感觉到自己的存在。受困扰的良知就像船上的罗盘，在狂风暴雨的黑夜，指引我们回家。

良心上的不安会使我们内心难以平静，仿佛灵魂深处有一千个声音在谴责我们。仁爱之心与平和的良知是无价的，仁爱的目的就在于得到内心的宁静。

仁爱有助于找到生活的重心。换句话说，仁爱的回报之一，就是我们知道自己正在做正确的事，从而获得内心的平静，找到生活的重心或焦点。

仁爱始于内心。假如我们内心没有承诺，就尝试去做"正确的事"，那只不过是一种义务和苦役，没有用的。缺乏仁爱之心，过不了多久，我们就会热情殆尽，痛恨自己。先从内部工作开始做起，给自己放一天假，到小镇或城市的街道上逛逛，看看邻居的真正需求，看看孩子们眼中的悲伤和苦难，让他们的渴求根植于内心，直到你的热情开始滋长。去悲伤、去愤怒、去行动，然后，你会开始热爱所做的事，你的内心将会挣扎，无论成功还是失败，你的良知都会得到平静。

别担心！仁爱并非是一种脆弱的情感。英国前工党领袖尼尔·金诺克说："仁爱并非是对那些社会底层的人流露出的肤浅而脆弱的伤感，它是纯粹的实际信仰。仁爱的人眼中的世界是鲜活的，他们对这个世界充满了强烈的感情。"

仁爱是一种智慧，它融于情感之中。如果内心对任何事都毫无情感，你便不可能充满热情。

仁爱常常激发行动！仁爱不仅仅是情感上的承诺，它还需要第二个步骤：把内心的承诺付诸实践。仁爱并非只是温暖人心的情感，而是要对现实产生作用。

行动使我们内心的承诺生效。当付诸行动时，我们不仅让仁爱付诸实施，还使之增强。没有行动，我们只不过是冒牌货，道德上的伪君子。

仁爱让你出类拔萃。当以行动来对抗各种苦难时，你的生命便开始有意义。通过行动，你可以出类拔萃。正如谚语所说："岁月沙滩上的足迹不是坐出来的。"如果害怕鞋里灌进沙子，就不可能踏下足迹。

但如果你采取行动并且磨练自己，你会显得与众不同。前进的道路不是笔直的，大多数人会走很多弯路，不断迷失方向，偶尔走回头路，有时还会坐下来喘口气。但通过行动，你会留下美好的人生经历，回首时定会让你倍感骄傲。你可以心满意足地说："我做了很多有意义的事。"

仁爱不会摒弃任何人！安利是一家企业。不同种族、不同信仰的人在安利都是受欢迎的，我希望每个公司都是如此。每一个来到安利公司的人，都有权受到尊重和欢迎。好的企业提供开放的空间，使人们能畅所欲言、互相交流。

今日的仁爱会拯救我们的未来。帮助那些不能自助的人，也会给我们带来诸多利益。如果我们继续容忍他人遭受苦难而不伸手相助，这个世界可能会毁灭。

坚信仁爱需要终生冒险，没有人能告诉你从何处以及如何起步。一个小举动、一点小关爱就可以开始。只需要小小的行动，无论什么行动，你都会获得报偿，并会激励你继续做更大更好的事情。仁爱具有感染力，一旦你开始了，你的生活将会永远被改变。

什么仁爱的小举动能够带给你快乐？什么事业牵动了你的心？什么人在那里做着令你感动的事，而你会做些什么去提供帮助？

在汤普森小姐五年级班上的那个圣诞节，特迪·斯特兰德和老师之间建立了某种情结。继续戴着破手镯、洒着廉价香水的汤普森小姐，决定尽最大努力去帮助这个小男孩，改变他的人生。突然，她在他身上发现了前所未有的可能性。于是，她在心中为特迪的未来描绘蓝图，并开始为此付诸努力。

几乎每天下课后，特迪和汤普森小姐都要一起为那个蓝图而努力。她指导他那颤抖的手写出整齐、有条理的句子；帮他作拼写和数学训练；

为特迪念书,并让特迪念给她听。他们用心学习歌唱、写诗甚至短篇小说,然后互相引述。汤普森小姐不再用尖利的红笔判卷,而代之以五星和惊叹号。她利用每个恰当的时机,私下或在全班面前表扬他。

学年结束时,特迪有了惊人的进步。他赶上了汤普森小姐班上的大多数学生,并且成绩名列前茅。一天下午,他们互相道别时,汤普森小姐握住了特迪的手,说道:"你做到了,特迪,我为你感到骄傲。"当这个孩子温和地纠正她时,她吃了一惊:"不是我做到的,汤普森小姐,是我们两个一起做到的。"

那年暑假,特迪的父亲失业了,全家搬走时,汤普森小姐在泰迪的档案中加上了许多正面评语:"特迪是一个与众不同的孩子。他因母亲的去世和父亲的漠不关心而深受伤害,但他正在以自己的方式恢复。无论在特迪身上投入多少额外时间,你都会得到回报。"

现在,我们在特迪·斯特兰德和老师的生活中看到"报偿法则"所发挥的真正作用。当我们为他人投入自己的时间、金钱和努力时,我们获得了什么?当我们怀有仁爱之心时,是否会获得意外的收获呢?

汤普森小姐有7年之久没有特迪的消息。每到圣诞节,当班上的孩子围在讲桌旁,看着她打开礼物时,汤普森小姐都会讲述特迪的故事,以及他母亲那只破旧的手镯和半瓶香水。每年她都想知道在特迪身上的努力是否会付诸东流。

有一天,她收到了一封来自边远城市的短笺,她仍然能够辨认出小特迪的笔迹:"亲爱的汤普森小姐,我想让你第一个知道,我将以第二名的成绩高中毕业。谢谢你,老师。我们做到了!爱你的特迪·斯特兰德。"

4年后,她又收到一封信:"亲爱的汤普森小姐,他们刚刚通知我,我将作为全班的代表作毕业献辞,我想让你第一个知道。大学并不好念,但我们做到了。爱你的特迪·斯特兰德。"

又过了4年,特迪寄来一封短信:"亲爱的汤普森小姐,就在今天,我成了西奥多·斯特兰的医学博士。还不错吧?我想让你第一个知道。我们做到了。我下个月27号结婚,希望你能来参加婚礼,并坐在我母亲生前应坐的位置。我的父亲去年过世了,你现在是我唯一的亲人了。爱你的特迪·斯特兰德。"

或许你会奇怪，为什么我要用汤普森小姐和特迪·斯特兰德的故事作为本书的结尾？实际上，最初从朋友查克·斯温多尔那里听到这个故事时，我把它看成一个寓言故事，使我们对"仁爱"这个词有更加简单、清晰的理解。我们每天都面临抉择：是匆匆越过需要帮助的人们和地球的需求，去追逐利润，还是停下来，多待一会儿，力所能及地帮助沿途渴求的人们？

汤普森小姐几乎错过了帮助特迪的机会，她每一天都忙碌着。特迪看上去像个失败者，在他身上花费多余的时间和精力似乎都是浪费，但不管怎样，汤普森小姐还是这样做了。**她的仁爱获得了最终的回报：她的仁爱行为，帮助了某个人自助。**

你想成为一名成功的创业者么？你希望得到真实、持久、真正的利润吗？那就让仁爱引领你走好人生旅程中的每一步吧！